薩巴蒂娜◎主編

24節氣養生餐

卷首語

順應天時，認真吃飯

春雨驚春清穀天，夏滿芒夏暑相連。

秋處露秋寒霜降，冬雪雪冬小大寒。

這是我小時候就會背誦的節氣歌，現在依然記得十分清楚。

我不明白，為什麼我的生日總是在立夏前後；我不明白為什麼冬至總是在 12 月 22 日附近；為什麼從那一天開始數九：一九二九不出手，三九四九冰上走，五九六九沿河看柳，七九河開，八九雁來，九九加一九，耕牛遍地走。

我不明白為什麼古樸厚重的英國巨石陣與節氣息息相關：立夏、立冬時分，初升的太陽會照耀在特定的石頭上；我不明白春分、秋分的時候，埃及古夫金字塔為什麼會在陽光的照耀下，顯露出八個面。

我不明白這明明是中國傳統的說法，為什麼會與西方的文明如此契合。

我不明白的太多，但是我知道的是順應天時，敬畏古人的智慧。

我知道我自己的身體會春生夏長，秋收冬藏。我知道每到一定的時分，就有不同的食材逐漸成熟。所以，我吃春天初發的蔬菜，吃夏天肥美的蔬果，在秋天吃飽滿的果實，在冬天吃豐潤的食物。

故而有此書，向古人的智慧致敬！

高欣茹

薩巴小傳：本名高欣茹。薩巴蒂娜是當時出道寫美食書時用的筆名。曾主編過五十多本暢銷美食圖書，出版小說《廚子的故事》、美食散文《美味關係》。現任「薩巴廚房」主編。

目錄 contents

Chapter 1 春

春氣萌動，萬物始生。起於立春，止於穀雨。

清明薦新：豌豆角、蠶豆、田螺、桂花魚

穀雨薦新：生菜、蒜苗、童子雞、扁豆角

Chapter 2

夏

夏生萬物，茂健百穀。起於立夏，止於大暑。

立夏薦新：毛豆、豌豆、絲瓜、河蝦

小滿薦新：莧菜、鯽魚、蒜苔、茴香

芒種薦新：藕芽、小白菜、粟米筍、鯿魚

小雪薦新：西蘭花、鰻魚、銀杏

大雪薦新：塌菜、山藥、大白菜、老鵝

冬至薦新：大葱、馬鈴薯、番茄、牡蠣

小寒薦新：芥蘭頭、冬筍、紅豆、對蝦

大寒薦新：韭菜花、蘑菇、筍乾、鱅魚

初步瞭解全書

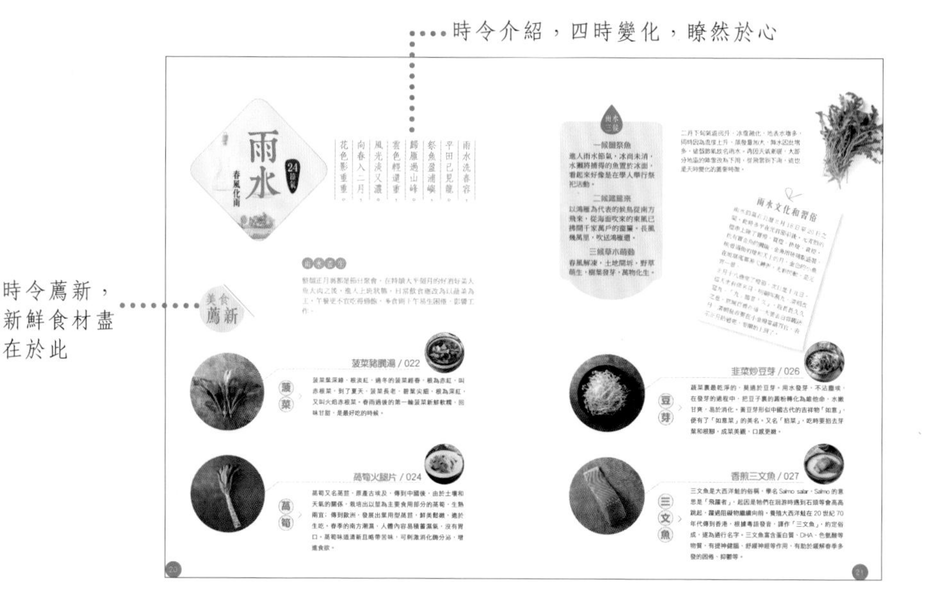

計量單位對照表

1 茶匙固體材料 =5 克	1 湯匙固體材料 =15 克
1 茶匙液體材料 =5 毫升	1 湯匙液體材料 =15 毫升

Chapter 1

春

春氣萌動，萬物始生。

起於立春，止於穀雨。

「春雨驚春清穀天」，本季6節為立春、雨水、驚蟄、春分、清明、穀雨，跨度2~4月。陽曆2月3~5日立春。立是始，立春是春季的開始。

春冬移律呂，
天地換星霜。
間泮游魚躍，
和風待柳芳。
早梅迎雨水，
殘雪怯朝陽。
萬物含新意，
同歡聖日長。

美食薦新

立春養生

立春時節，各地有吃春卷、春盤、春餅等食俗，食材多為含有芳香辛辣味道的時蔬，如香葱、芫茜、韭菜、青蒜、芥菜、蘿蔔等。這些充滿辛香味的食材不僅能幫助疏風散寒，其中一些還能幫助提升人們的新陳代謝，正好順應天時。

五辛春餅 / 012

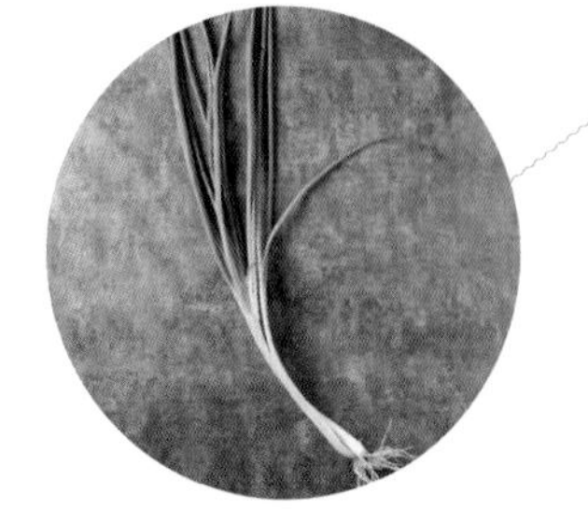

香葱

香葱又叫細香葱、小葱。葱在中國古代是很重要的蔬菜，它預示着新的一年的開始。新年第一天要吃春盤，春盤的蔬菜裏就有葱，這個風俗一直保存到清末，清代潘榮陛所著《帝京歲時紀勝》載：「新春日獻辛盤。雖士庶之家，亦必割雞豚，炊面餅，而雜以生菜、青韭芽、羊角葱，沖和合菜皮，兼生食水紅蘿蔔，名曰咬春。」

韭菜盒子 / 014

韭菜

韭菜雖然一年四季都可食用，但以初春時節品質最佳，晚秋的次之，夏季的最差，因而有「春食則香，夏食則臭」的說法。春天氣候冷暖不定，應多吃一些葱、薑、蒜、韭菜等食物。

一候東風解凍

北半球的寒冷空氣逐漸減弱，從太平洋吹來濕潤溫暖的東風，讓氣溫逐漸回升，大地開始逐漸解凍。

二候蟄蟲始振

隨着土地解凍，冬天鑽入地下蟄伏的昆蟲蘇醒過來，恢復生命活力，揮翅振羽，隨時等待破蛹。

三候魚陟負冰

氣溫上升，河流湖泊漸有融冰，冰下水流淙淙，融化底層堅冰，冰層變薄，魚類上浮，在冰面上即可清晰看見冰下游魚，「負冰」二字形象地描繪出了這樣的景象：魚兒像背負着冰層在水下潛游。

立春，是二十四節氣中的第一個節氣，也叫歲首、立春節、正月節，時間在公曆 2 月 4 日或 5 日。古時人們通過觀察天上的星象，當北斗七星的斗柄指向寅時的時候，便為立春節氣的節點。此時，冬天凜冽的北風逐漸轉為溫暖的東風，暖濕氣流吹入門戶，春風拂面，楊柳綻青。

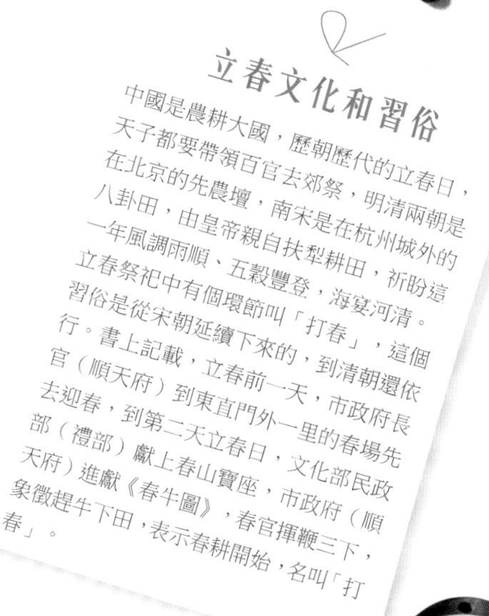

立春文化和習俗

中國是農耕大國，歷朝歷代的立春日，天子都要帶領百官去郊祭，明清兩朝是在北京的先農壇，南宋是在杭州城外的八卦田，由皇帝親自扶犁耕田，祈盼這一年風調雨順、五穀豐登，海宴河清。立春祭祀中有個環節叫「打春」，這個習俗是從宋朝延續下來的，到清朝還依行。書上記載，立春前一天，市政府長官（順天府）到東直門外一里的春場先去迎春，到第二天立春日，文化部民政部（禮部）獻上春山寶座，市政府（順天府）進獻《春牛圖》，春官揮鞭三下，象徵趕牛下田，表示春耕開始，名叫「打春」。

芥菜生滾粥 / 016

南方許多地方在除夕和正月初一這天要吃芥菜，取剛介正氣之義。芥菜莖長葉茂，也稱「長命菜」。這時田裏越冬的芥菜正肥，春化作用下莖葉甘甜脆嫩。芥菜分葉用、根用、莖用、薹用、子用、芽用六大類，初春時節，選擇多多。

蓑衣櫻桃蘿蔔 / 018

包括長蘿蔔、圓蘿蔔、白蘿蔔、青蘿蔔、白皮紅心的心裏美蘿蔔、紅如櫻桃小如彈球的櫻桃蘿蔔。《明宮史· 飲食好尚》記載：「立春之時，無貴賤皆嚼蘿蔔，名曰『咬春』。」立春之時，乍暖還寒，易患感冒，蘿蔔有較好的疏通臟器的功效。

五辛春餅

50 分鐘　中等

特色

古時立春這天吃「五辛盤」，以五菜對應五臟，以辛辣的味道，刺激五臟的活力。

主料

餃子皮半斤（約 25 張）
細香葱 50 克
雞蛋 2 個
洋葱半個
韭菜 100 克
紅蘿蔔 1 個
芽菜 100 克
粉絲 1 小把

輔料

黃豆醬 20 克
油少許
花椒油 1 茶匙
鹽少許

烹飪要訣

- 蔬菜可隨個人喜好隨意搭配。
- 黃豆醬可按口味換成甜麵醬、芝麻醬、魚露加小米辣、檸檬汁等。
- 蒸好的面皮應呈半透明狀。
- 還可加京醬肉絲、烤鴨片、火腿絲等。

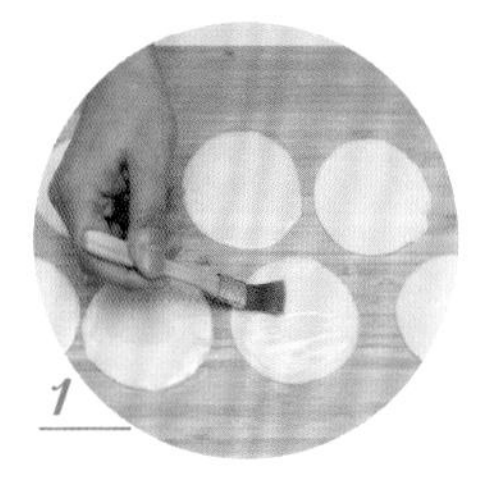
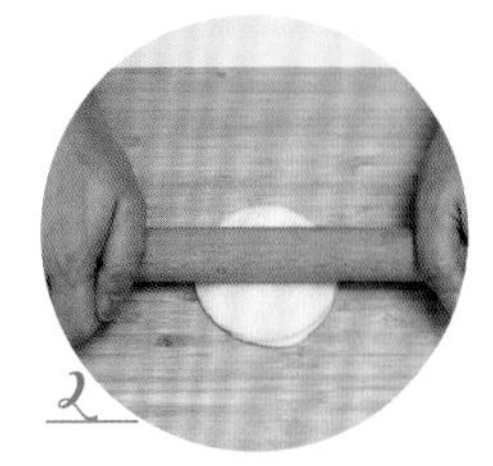
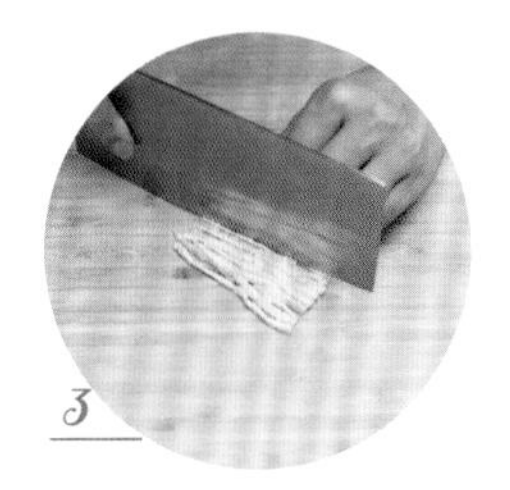

做法

1. 餃子皮每張分開，去掉多餘的麵粉，用乾淨刷子刷上一層薄油。圖 1
2. 每 5 張為一疊，用擀麵棒擀薄。圖 2
3. 大火蒸 15 分鐘至熟，取出放涼，撕開備用。依次蒸完 5 疊麵皮。
4. 雞蛋加少許鹽打散。鍋中淋少許油燒熱，倒入蛋液煎成蛋皮，切成絲備用。圖 3
5. 紅蘿蔔洗淨，去皮，切細絲；洋葱去外層老皮，切成細絲；韭菜摘去黃葉，洗淨，切段。圖 4
6. 細香葱去黃葉，洗淨，切段；粉絲用溫水泡發，剪成段；芽菜去根，洗淨，放入開水灼熟，撈起放涼。
7. 黃豆醬加花椒油，用適量冷開水調成稀稠度合適的蘸醬。圖 5
8. 吃時取一張面皮，放上蛋皮絲、韭菜段、芽菜、細香葱、紅蘿蔔絲、洋葱絲、粉絲，捲成卷，蘸醬吃。圖 6

營養貼士

冬末初春是呼吸道疾病的高發期。香葱含揮發油，能刺激身體汗腺排汗，同時刺激上呼吸道，緩解感冒症狀。

立春

韭菜盒子

60 分鐘　中等

特色

盒子也叫合子，以面餅加餡，合而包之。盒子是新年的食物，北方有「初一餃子初二麵，初三盒子往家轉」之説。盒子多以韭菜雞蛋為餡，煎烙而成。

主料

中筋麵粉 150 克
韭菜 100 克
雞蛋 2 個
粉絲 1 小把（約 10 克）
蝦皮 20 克

輔料

油適量
鹽 1 茶匙

烹飪要訣

- 用熱水和的麵叫燙麵，燙麵比一般麵糰更軟，並且易熟，可縮短煎製時間，使韭菜吃起來更香更脆。
- 放少量粉絲可吸收韭菜加熱後流出的汁水，盒子不出湯，更乾鬆。
- 蝦皮有鹹味，調餡時可少放鹽。
- 可把盒子邊折成花邊形或波浪形，成品更加美觀，但餅邊會因此變厚，酌情取捨。

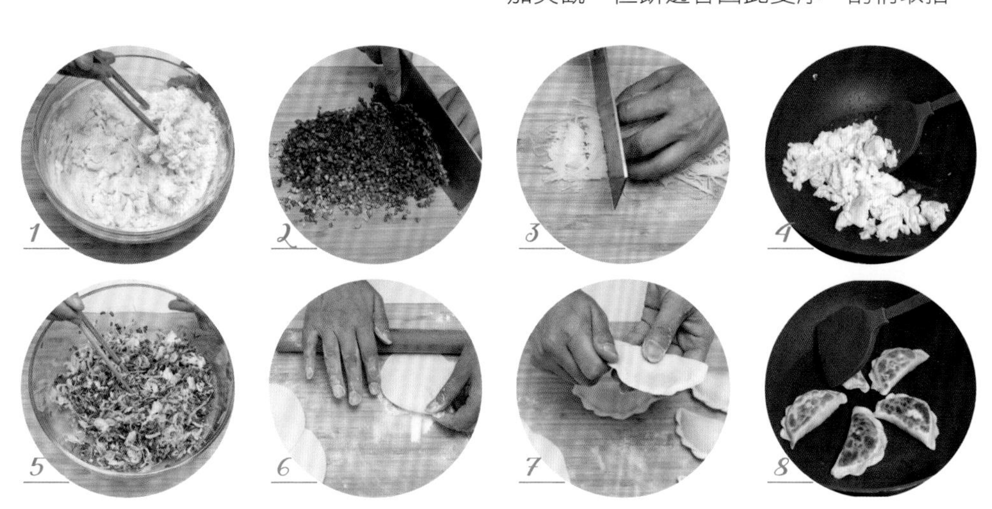

做法

1. 麵粉放一個大碗裏，慢慢加入 90 毫升 80℃的熱水，調成黏稠狀。稍冷後揉成光滑的麵糰，蓋上乾淨的濕布，醒發 30 分鐘。
2. 韭菜摘洗乾淨，瀝乾水，切碎，拌入少許油。
3. 粉絲用溫水泡軟，瀝乾水，切成一兩厘米長的小段。
4. 雞蛋打散，加少許鹽拌勻，入熱油鍋炒熟，炒碎。
5. 炒好的雞蛋放涼後，和韭菜、粉絲、蝦皮、鹽拌勻。
6. 取出麵糰，分成 6~8 個小麵糰，擀成薄而圓的麵餅。
7. 取適量餡料，放在餅的一半上，另一半折過來蓋住餡，捏緊餅邊，成為一個半月形的盒子，餘下的餡餅依着做至完成。
8. 平底鍋內刷少許油，放入盒子，小火煎至兩面金黃即可。

營養貼士

春季易感染呼吸道疾病，香葱、韭菜、蘿蔔等均含硫化合物、芥子油苷，可有效擴充血管，幫助咳出肺部積痰，同時抑菌消炎。

立春

討個好彩頭

芥菜生滾粥

50分鐘　簡單

特色

江南各地在新年和二月初二有吃芥菜的傳統，尤以芥菜頭煮粥最受歡迎，菜頭諧音「彩頭」，希望這一年有個好年景。

主料

大米 100 克　　芥菜 100 克
排骨 1 塊

輔料

鹽少許　　料酒 1 湯匙
油少許　　大葱 2 段
薑 2 片　　花椒 10 粒
胡椒粉少許

烹飪要訣

- 米和水的比例大致在 1：10，喜歡喝稠粥的可少放水，喜歡稀粥可多放水。
- 可加入瑤柱、蝦米等海鮮乾貨增加鮮味；也可加入薏米、燕麥等雜糧增加營養，豐富口感。

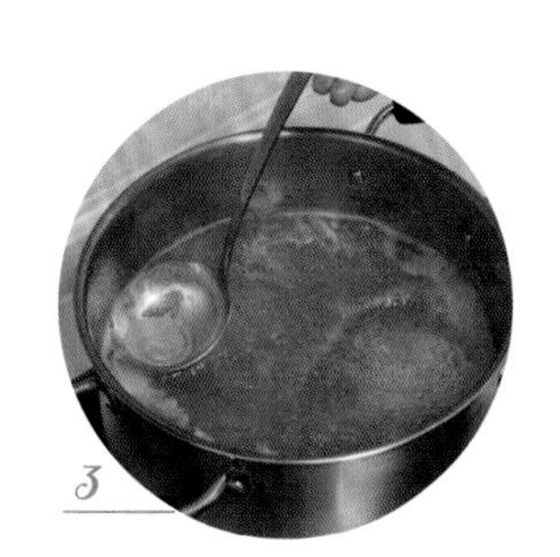

做法

1. 大米淘洗乾淨，用少許鹽和油浸泡 30 分鐘。
2. 排骨剁成小段，放入開水鍋中灼燙，加葱段、花椒、料酒去腥，撈出排骨，沖淨血沫，瀝乾。
3. 灼排骨的湯再次煮開，撇淨浮沫，撈出葱段、花椒不要。
4. 放入排骨、大米、薑片，大火燒開，轉小火煮至米爛粥稠，不時攪拌，防止黏底。
5. 芥菜洗淨，切碎。待粥好時放入，攪拌均勻，至芥菜剛熟。吃時撒入少許鹽和胡椒粉調味即可。

營養貼士

冬末初春，霧霾天氣多，人的心肺功能減弱。芥菜含鎂元素，有助放鬆支氣管和肺部肌肉，還含有芥子油苷，可提高人體免疫力。

立春

嚼得菜根香

蓑衣櫻桃蘿蔔

50 分鐘　簡單

特色

新年期間吃多了大魚大肉這些高脂肪、高蛋白的菜，這時來一道清爽脆嫩的醃蘿蔔來解膩。

主料

櫻桃蘿蔔 250 克
青檸 2 個

輔料

鹽 1 湯匙
白醋 1 茶匙
糖 1 茶匙

烹飪要訣

- 放青檸一是為了增加顏色，二是為了增添香味，若沒有不放也可。
- 鹽、醋、糖的比例可按個人口味調整。

做法

1. 櫻桃蘿蔔洗淨，切去葉和根，平行直刀切入蘿蔔的 2/3 深處，在相對一面的垂直方向同樣切入 2/3 深，此為蓑衣花刀。
2. 蘿蔔用鹽和白醋拌勻，加重物壓 30 分鐘以上，可放入冰箱冷藏醃漬。
3. 醃漬好的蘿蔔用冰水洗去多餘鹽分，擠乾。
4. 青檸洗淨，切成片，挑去籽，放在蘿蔔上，拌上糖即可。

1

2

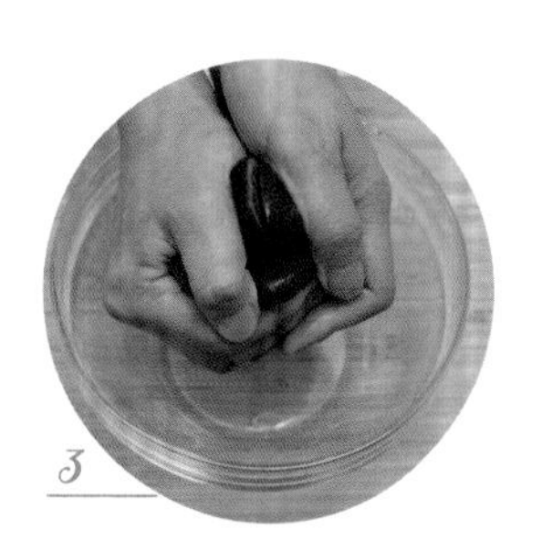

3

4

營養貼士

所謂春困秋乏，是說春天易犯困。立春吃蘿蔔，傳統上稱之為「卻春困」，其原理是蘿蔔含豐富的芥子油苷，其特殊的氣味可刺激呼吸系統，起到醒神的作用。

雨水洗春容，
平田已見龍。
祭魚盈浦嶼，
歸雁過山峰。
雲色輕還重，
風光淡又濃。
向春入二月，
花色影重重。

雨水養生

整個正月裏都是節日聚會，在持續大半個月的好酒好菜大魚大肉之後，進入上班狀態，日常飲食應改為以蔬菜為主，午餐更不宜吃得過飽，多食則下午易生困倦，影響工作。

美食薦新

菠菜豬膶湯 / 022

菠菜

菠菜葉深綠、根淡紅，過冬的菠菜經春，根為赤紅，叫赤根菜，到了夏天，菠菜長老，碧葉尖細，根為深紅，又叫火焰赤根菜。春雨過後的第一輪菠菜新鮮軟糯，回味甘甜，是最好吃的時候。

萵筍火腿片 / 024

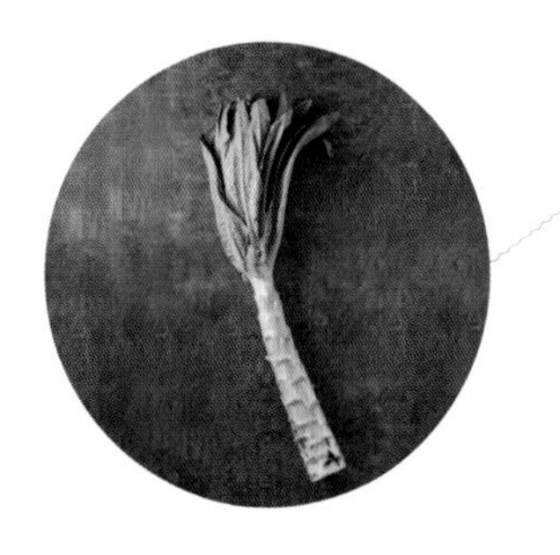

萵筍

萵筍又名萵苣，原產古埃及，傳到中國後，由於土壤和天氣的關係，栽培出以莖為主要食用部分的萵筍，生熟兩宜；傳到歐洲，發展出葉用型萵苣，鮮美鬆嫩，適於生吃。春季的南方潮濕，人體內容易積蓄濕氣，沒有胃口。萵筍味道清新且略帶苦味，可刺激消化酶分泌，增進食欲。

一候獺祭魚

進入雨水節氣，冰尚未消，水獺將捕得的魚置於冰面，看起來好像是在學人舉行祭祀活動。

二候鴻雁來

以鴻雁為代表的候鳥從南方飛來，從海面吹來的東風已拂開千家萬戶的窗簾。長風幾萬里，吹送鴻雁還。

三候草木萌動

春風解凍，土地開坼，野草萌生，樹葉發芽，萬物化生。

二月下旬氣溫回升，冰雪融化，地表水增多，同時因為溫度上升，蒸發量加大，降水因此增多，這個節氣故名雨水。再因天氣漸暖，大部分地區的降雪改為下雨，從飛雪到下雨，這也是天時變化的重要特徵。

雨水文化和習俗

雨水節氣在公曆 2 月 18 日至 20 日之間，此時多半在元宵節前後。元宵節的燈市上除了賣燈、買燈、掛燈、賞燈，也有賣金魚的攤販。金魚用玻璃瓶盛裝，映着滿街的燈和天上的月，金色的小魚在玻璃瓶裏游弋轉折，光彩閃動，是元宵一景。

正月十八過完了燈節，次日是十九日，這天也有個名目，明朝叫燕九，清朝改筵九。「九」諧音「久」，取長長久久之意。京城百姓在這一天要去白雲觀訪丹，清朝皇帝要在小金殿宴請百官，表示正月節過完，要開始上班了。

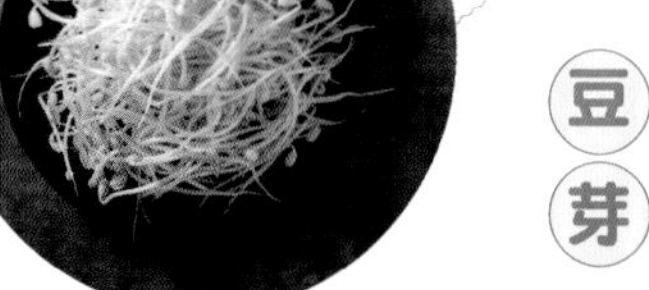

韭菜炒豆芽 / 026

豆芽

蔬菜裏最乾淨的，莫過於豆芽。用水發芽，不沾塵埃，在發芽的過程中，把豆子裏的澱粉轉化為維他命，水嫩甘爽，易於消化。黃豆芽形似中國古代的吉祥物「如意」，便有了「如意菜」的美名。又名「掐菜」，吃時要掐去芽葉和根腳，成菜美觀，口感更嫩。

香煎三文魚 / 027

三文魚

三文魚是大西洋鮭的俗稱，學名 Salmo salar，Salmo 的意思是「飛躍者」，起因是牠們在洄游時遇到石頭等會高高跳起，躍過阻礙物繼續向前。養殖大西洋鮭在 20 世紀 70 年代傳到香港，根據粵語發音，譯作「三文魚」，約定俗成，遂為通行名字。三文魚富含蛋白質、DHA、色氨酸等物質，有提神健腦、舒緩神經等作用，有助於緩解春季多發的困倦、抑鬱等。

營養清淡兩不誤

菠菜豬膶湯

40 分鐘　簡單

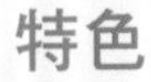

特色

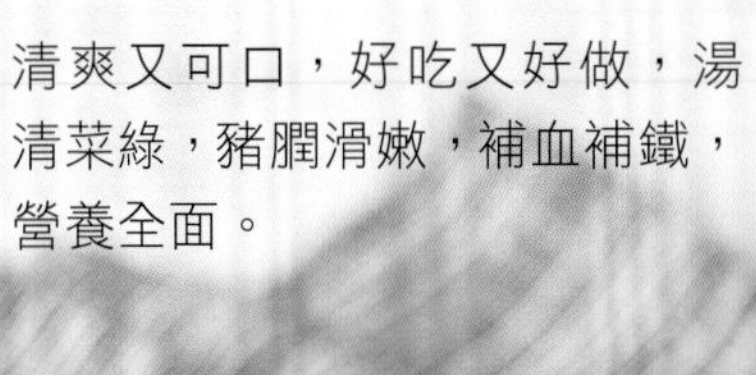

清爽又可口，好吃又好做，湯清菜綠，豬膶滑嫩，補血補鐵，營養全面。

主料

菠菜 100 克　　豬膶 100 克

輔料

鹽 1 茶匙　　麻油 1 湯匙
料酒 1 湯匙　　澱粉 1 湯匙
生抽 1 湯匙　　薑 2 片
胡椒粉少許　　葱花少許

烹飪要訣

- 豬膶醃過之後灼水，可去除豬膶的異味，並保持湯的清爽。
- 菠菜含草酸，灼水可使菠菜澀味降低；過涼水可保持菠菜的色澤。
- 如用高湯或雞湯來煮，則更加美味。
- 加麻油是為了增加香味，如用高湯，可不加。

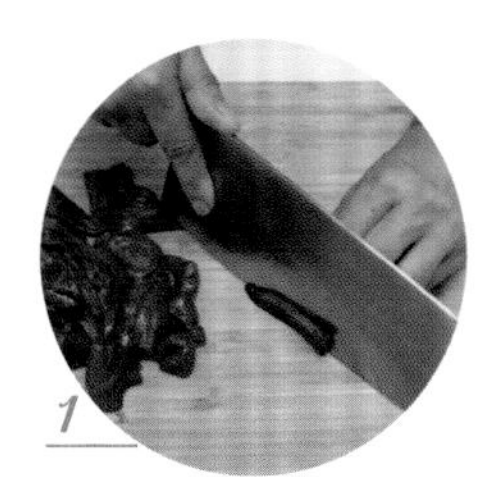

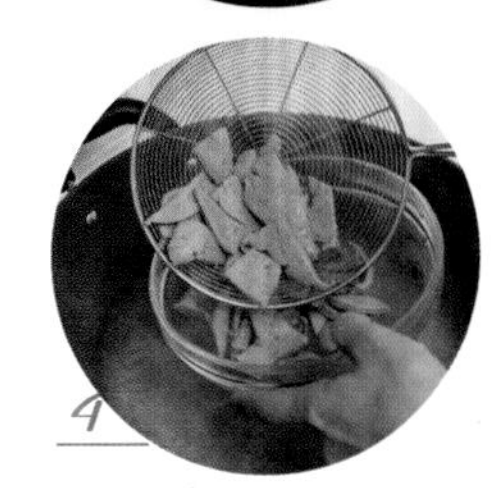

做法

1. 豬膶洗淨，撕去筋膜，切成薄片。圖 1
2. 豬膶用清水浸泡 10 分鐘，泡去血水，撈出瀝乾。
3. 豬膶中加少許鹽、料酒、生抽、胡椒粉、澱粉和 1/2 湯匙麻油，拌勻，醃 10 分鐘。圖 2
4. 菠菜摘去老葉、黃葉，剪去根，清洗乾淨，切成幾段。
5. 燒一鍋開水，滴兩滴油，把菠菜放進去燙軟撈起，過涼水備用。圖 3
6. 水再次燒開，把醃好的豬膶放進燙至七分熟，撈起備用。圖 4
7. 另燒開 500 毫升水，放薑片、鹽、灼過的豬膶煮熟。
8. 放菠菜煮開，加入少許葱花及剩下的 1/2 湯匙麻油即可上桌。圖 5

營養貼士

豬膶富含鐵和多種維他命，可補充血紅素鐵。菠菜是補充 B 族維他命的重要來源。B 族維他命可維持皮膚健康活力，還可舒緩情緒，使人精力充沛。

雨水

萵筍火腿片

30 分鐘　簡單

特色

火腿之鮮鹹，萵筍之清脆，兩樣食材最精華的部分相配，香與鮮在舌尖相會。

主料

萵筍 1 棵　　金華火腿或宣威火腿 50 克

輔料

油 1 湯匙　　蒜 2 瓣
料酒 1 湯匙　　薑 1 小塊
鹽 1 茶匙　　乾紅辣椒 2 隻

烹飪要訣

- 火腿選帶些肥肉的部位，肉不會太韌。
- 萵筍先用鹽醃，一是出水，二是入底味，在炒的過程中不用再放鹽，火腿本身鹹味已夠。

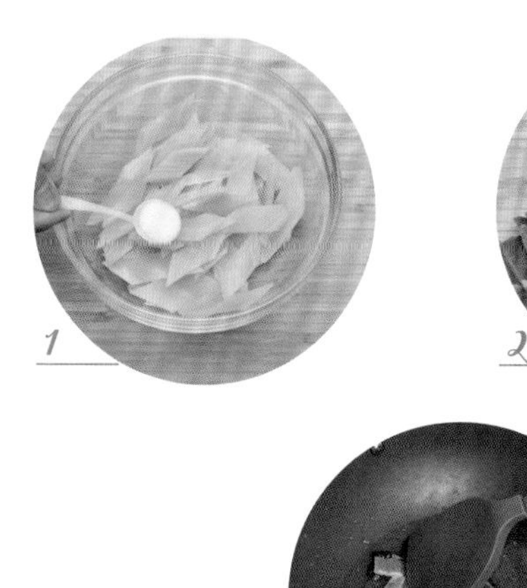

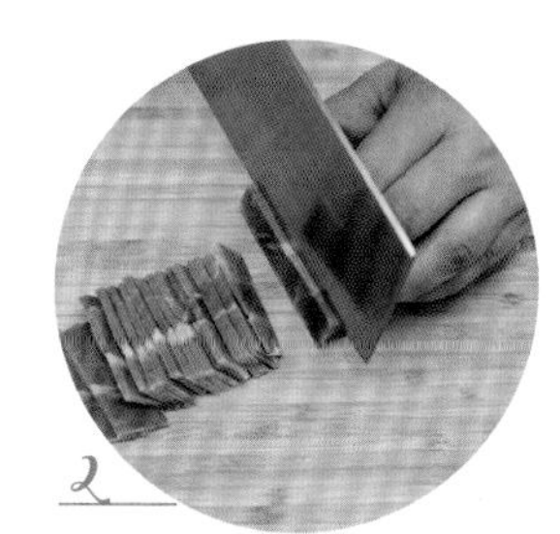

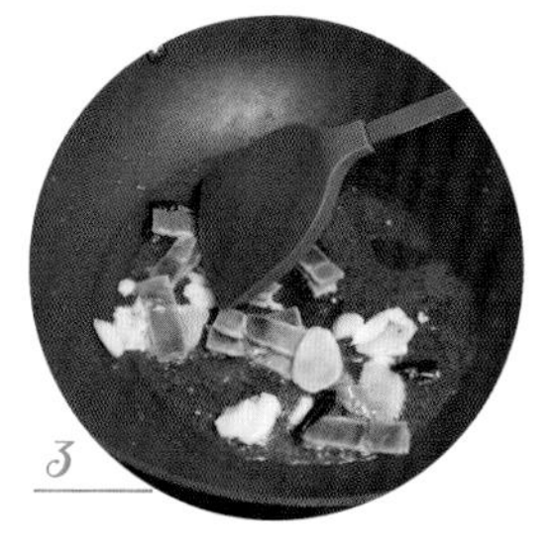

做法

1. 萵筍去葉，去皮，切成薄片，用鹽稍醃片刻，擠乾水備用。圖 1
2. 火腿去掉外層肥肉，切成薄片。圖 2
3. 蒜去皮、拍碎；薑切薄片；乾紅辣椒剪成小段，去籽。
4. 炒鍋內燒熱油，爆香薑、蒜、乾辣椒，下火腿片炒至七分熟，至火腿香味傳出，火腿出油。圖 3
5. 放入萵筍片炒均，淋入料酒，至萵筍剛熟即出鍋。圖 4

營養貼士

萵筍富含多種維他命和抗氧化物質，還有易被人體吸收的鐵元素，特別適合貧血的人群食用。

主料

綠豆芽 100 克
韭菜 50 克

輔料

油 1 湯匙　　　鹽 1 茶匙

烹飪要訣

此菜講究大火快炒，家庭小鍋小灶，條件不允許，食材少放也可起到相同的效果。

特色

以韭菜之青綠，配豆芽之白嫩，掐頭去腳，乾淨利落，清清爽爽，脆牙利嗓。

1

2

3

做法

1. 綠豆芽掐去根鬚和芽葉，洗淨，瀝乾水分。圖 1
2. 韭菜摘去老葉，洗淨，切掉老根，切段。圖 2
3. 鍋內燒熱 1 湯匙油，下綠豆芽翻炒片刻。
4. 放韭菜炒勻，撒鹽調味，炒至韭菜剛熟即好。圖 3

營養貼士

綠葉蔬菜的綠色越深，意味着光合作用越強，營養素也就越多。人體最好能每日攝入 500 克蔬菜，其中一半應是綠葉菜。韭菜就是深綠色葉菜，除富含多種維他命和礦物質外，韭菜的刺激性味道還可刺激胃口，引發食欲。

雨水

脂香四溢

香煎三文魚

40 分鐘　簡單

主料

三文魚 1 塊（約 250 克）

輔料

生抽 1 湯匙　　油少許
芥末少許　　檸檬 1 角

烹飪要訣

- 三文魚先用生抽醃入味，在煎的過程中生抽的醬香受熱散發，可去掉魚腥味，使魚肉更香。
- 三文魚本身含油，煎的過程中會出油，鍋裏放少許油，只是起到滑鍋的作用。

特色

營養好、味道好、菜品賣相好、做法又要簡單，乾煎三文魚可以輕鬆實現。

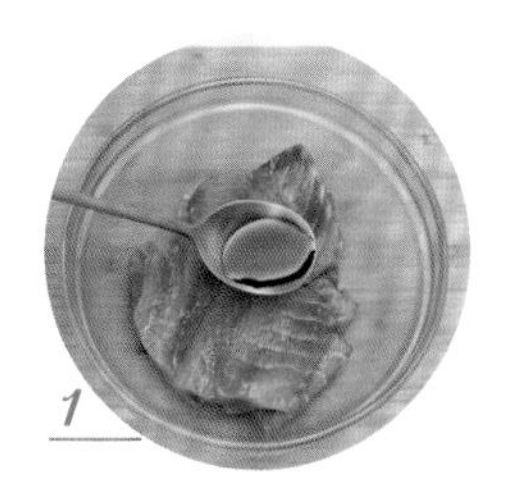

做法

1. 三文魚自然解凍後斜刀切成 3 大片，加生抽醃 30 分鐘以上。圖 1
2. 平底鍋燒熱，用少許油抹在鍋底，防止黏鍋。
3. 三文魚放在鍋內，中小火煎至兩面微黃。圖 2
4. 吃時擠上檸檬汁，可配芥末生抽一同上桌。圖 3

營養貼士

三文魚富含蛋白質、脂肪和 B 族維他命，此外，三文魚還含有四種不飽和脂肪酸。人體無法自行合成不飽和脂肪酸，必須依靠食物攝入，不飽和脂肪酸可抑制肝內脂質及脂蛋白合成，降低心血管疾病的發生率。

驚蟄

24節氣

啟春發萌

陽氣初驚蟄，
韶光大地周。
桃花開蜀錦，
鷹老化春鳩。
時候爭催迫，
萌芽互矩修。
人間務生事，
耕種滿田疇。

驚蟄養生

驚蟄期間，寒潮頻繁，忽冷忽熱，易生感冒、發熱等疾病。飲食仍以清淡為主，適當佐以辛香之物，增加血液循環，兼補充鐵質和蛋白質，增強抵抗力。

美食薦新

香椿綠醬拌豆腐 / 030

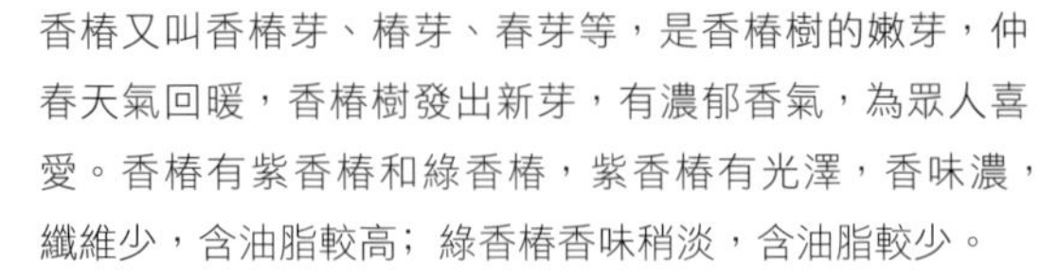

香椿

香椿又叫香椿芽、椿芽、春芽等，是香椿樹的嫩芽，仲春天氣回暖，香椿樹發出新芽，有濃郁香氣，為眾人喜愛。香椿有紫香椿和綠香椿，紫香椿有光澤，香味濃，纖維少，含油脂較高；綠香椿香味稍淡，含油脂較少。

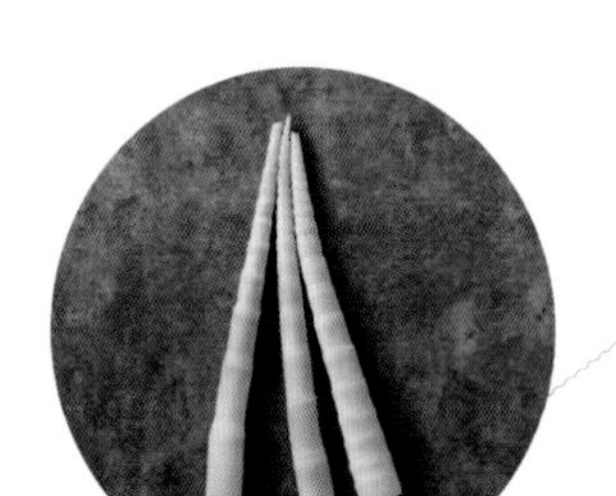

油燜竹筍 / 031

竹筍

通常說的竹筍分兩種，冬筍和竹筍。竹筍細長，冬筍短粗，冬筍是未出土的毛竹的筍芽；竹筍的範圍比冬筍廣，毛竹、苦竹、淡竹、麻竹、箭竹、慈竹等在春天長出地面的筍都是竹筍，這種竹筍又叫春筍、雷筍，春雷響過之後，雨水漸多，此時萌發的竹筍最嫩最鮮。

一候桃始華

驚蟄是農曆二月的第一個節氣，公曆在三月初，山桃花初開，觀賞桃如碧桃、花桃等，要遲至春分。

二候倉鶊鳴

鶊也寫作庚，鶊是黃鸝。山桃花開，花葉同出，黃鸝鳥棲於枝頭，呼朋喚友，啄食嫩葉和花蜜。

三候鷹化為鳩

小型猛禽如鷹、隼、鳶、鳶、鷂等冬候鳥飛往北方，南方的鴻雁飛來，天空中不見鷹隼，變成了黃鸝和斑鳩等留鳥。

驚蟄節氣天氣轉暖，雨水充沛，高空對流氣團加劇，漸有雷聲傳來，驚醒了蟄伏在泥土中的動物，此時土地已經解凍，昆蟲鑽出土壤，農時進入春耕階段。

驚蟄文化和習俗

驚蟄節氣在漢景帝之前稱「啟蟄」，啟是開啟、啟發的意思，從此日起，蟄蟲生發。因漢景帝姓劉名啟，為了避皇帝的名諱，改啟為驚，沿用至今。

驚蟄節氣在二月初，又稱二月節。各地有爆米花、炒米、炒糖豆的習俗，徽州有「炒蟲凍米防朝餒，春穀存倉勝柳西」的竹枝詞。食米的地方，民間要在二月二日炒米，謂之炒蟲。食麵的地方，也要蒸黍麵棗糕，或用油煎，或和麵攤餅，稱「熏蟲」。炒蟲熏蟲之說，均是從驚蟄節氣而來。既已啟蟄，天暖生蟲，須防米蛀麵蜒。

清炒豆苗 / 032

豆苗是荷蘭豆的幼嫩枝葉，鮮嫩，味道清香。在孟春仲春（農曆一至二月）才有，一旦開花結莢，豆苗長老便不能再食用。

豆苗丸子湯 / 033

百菜不如白菜，諸肉不如豬肉。豬瘦肉通常指的是豬的瘦肉。豬瘦肉是高蛋白低脂肪的優良食材，並且富含鐵、磷、鉀、鈉等礦物質元素，同時也是 B 族維他命和維他命 PP（煙酸 nicotinic acid、煙酰胺 nicotinamide）的良好來源。

驚蟄

鄉野風味第一菜

香椿綠醬拌豆腐

50 分鐘　簡單

主料

嫩豆腐 1 塊
香椿 50 克
松子 20 克

輔料

橄欖油 2 湯匙
鹽 2 茶匙

烹飪要訣

- 嫩豆腐含水量高，先用鹽醃去水，同時有了底味。
- 松子香椿油醬也可以用來拌麵吃。

特色

醃過的香椿拌豆腐，雪白清碧，香氣馥郁。以西餐綠醬之要義，發揮想像力，豐富鄉土菜。

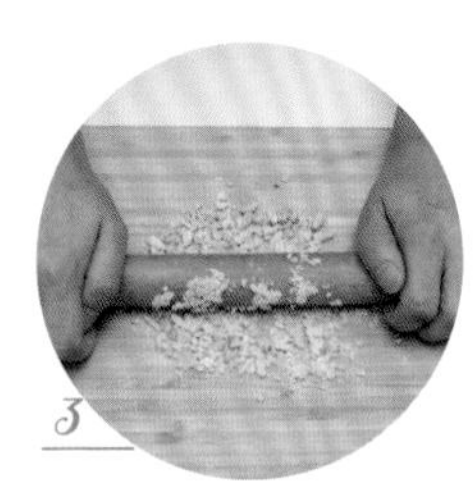

做法

1. 豆腐切薄片，輕輕推壓成覆瓦形，撒上 1 茶匙鹽，靜置 30 分鐘。
2. 香椿洗淨，摘去老莖，切碎，加橄欖油和剩餘鹽拌勻，醃 20 分鐘以上。
3. 松子放鍋中小火焙黃，取出放涼後壓碎，放入香椿油醬中拌勻。
4. 豆腐隔去滲出的水，把松子香椿油醬均勻地鋪在豆腐上即可。

營養貼士

香椿葉上市，表示春天的來到。冬季多食高蛋白高脂肪類食物，蔬菜攝入量偏少，易生口腔潰瘍等疾病。香椿葉的刺激性芳香來自所含有的揮發油和硫化合物，硫化合物可預防口腔潰瘍等疾病。

主料

竹筍 300 克　細香葱 5 棵

輔料

油 2 湯匙　鹽 1 茶匙
料酒 1 湯匙　醬油 1 湯匙
糖 1 茶匙

烹飪要訣

- 竹筍平刀拍破而不是切滾刀塊或片，是為了破壞竹筍的纖維，增加空隙，方便入味。
- 竹筍含草酸，灼水之後，口感更好。
- 先熗葱白，有葱香，後撒葱綠，有顏色。
- 此菜的要點是盛在盤內只見油醬不見水，是為「油燜」。竹筍纖維粗，需油多才好吃。

做法

1. 竹筍剝去筍殼，削去老頭，洗淨，用刀面拍破，順長切成幾條，再橫向切段。
2. 燒一鍋開水，放竹筍焯燙 5 分鐘，撈出瀝乾備用。
3. 細香葱摘去老葉，洗淨，切成葱花，分開葱白和葱綠。炒鍋燒熱，放油，爆香葱白，下竹筍，放鹽，翻炒至竹筍微微發黃、表皮收縮。
4. 放料酒、醬油、糖炒勻，加 3 湯匙清水，蓋上蓋，燜 5 分鐘。待湯汁濃縮，即下葱花，翻勻出鍋。

營養貼士

對辦公室人群來說，久坐及缺乏運動都會減少對腸道的刺激，易導致便秘。竹筍含大量粗纖維，可促進胃腸蠕動，預防和緩解便秘。

特色

油燜竹筍簡稱油燜筍，是江浙地區春天竹筍的最常見做法，用醬油增色香，用糖調味，簡單的做法，即可發揮竹筍最鮮美的靈動。

清炒豆苗

20 分鐘　簡單

主料

豆苗 250 克　　蒜 2 瓣

輔料

油 1 湯匙　　鹽 1 茶匙
料酒 1 茶匙

烹飪要訣

- 炒豆苗剛熟即可，菜要摘得嫩，鍋要燒得熱。
- 最後淋一點料酒是為了增香，有 5 年陳的黃酒或年份更久的花雕更好。

特色

「采薇采薇，薇亦柔止。」豆苗的水嫩，體現在洗的時候不敢使勁洗，輕輕在水裏漂兩次就好。

做法

1. 豆苗只留芽頭的兩節，摘洗乾淨，瀝乾水分。圖 1
2. 蒜去皮，拍破、切碎。
3. 炒鍋燒熱，用油爆香蒜蓉，下豆苗快炒。圖 2
4. 放鹽炒至剛熟，沿鍋邊淋上料酒，翻勻出鍋。圖 3

營養貼士

初春的時鮮蔬菜，最嫩莫過於豆苗了，深綠的顏色表明它營養豐富。豆苗富含 β 胡蘿蔔素，進入人體後可轉化成維他命 A。維他命 A 可緩解眼睛疲勞，對長期使用電腦的人群是非常有益的。

驚蟄

柔婉浮圓碧如意

豆苗丸子湯

30 分鐘　簡單

主料

豬腿肉 100 克　　豆苗 100 克

輔料

鹽 1 茶匙　　料酒 1 湯匙
生抽 1 茶匙　　胡椒粉少許
薑末 1 茶匙

烹飪要訣

- 剁出的肉末做成的丸子比絞肉做的丸子更鬆嫩好吃，如果嫌麻煩，也可用絞肉。
- 豆苗燙軟即好，不可久煮。

特色

豆苗的水嫩，體現在每一個地方，摘是手掐為度，洗是輕漂為上，熟是剛熟即可，做法是湯浸保綠。若是想吃得生鮮，可做好了湯，澆在豆苗上即可。

1

2

3

4

做法

1. 豬腿肉洗淨，剁成肉糜，加生抽、薑末、料酒、胡椒粉、少許鹽拌勻，醃 10 分鐘。
2. 豆苗只取嫩頭，摘洗乾淨，瀝乾。
3. 燒開 500 毫升水，轉小火保持微沸，醃好的肉糜做成大小合適的丸子，放入鍋中煮開，撇去浮沫。
4. 放鹽調味，下豆苗燙軟即可出鍋。

營養貼士

細胞由蛋白質構成，代謝由蛋白質完成，沒有蛋白質就沒有生命體。每日攝取 100 克瘦肉，即可滿足人體對蛋白質的需要。

二氣莫交爭，
春分雨處行。
雨來看電影，
雲過聽雷聲。
山色連天碧，
林花向日明。
梁間玄鳥語，
欲似解人情。

春分養生

春風已至門戶中，脱去厚重的棉衣，疏散蜷縮了一冬的筋骨，呼吸新鮮空氣，沐浴春風春陽。

春分時節，垂柳吐絮，楊樹飛綿，空氣中飄滿楊綿柳絮，此時當注意鼻炎等症狀。

美食薦新

薺菜春卷 / 036

薺菜

薺菜在江南是早春的時令蔬菜，大量種植，成批上市，早不是原先的野菜模樣。種植的薺菜鮮嫩水靈，野生的較為乾瘦，但也有人覺得種植的不如野生的香。薺菜過了清明就開花結子，纖維老化，不宜再食。

上湯西洋菜 / 037

西洋菜

西洋菜正名豆瓣菜，是十字花科，豆瓣菜屬多年生水生草本植物，原產歐洲，在清末民初傳入香港、澳門，因此被稱為西洋菜。西洋菜喜冷涼濕潤的環境，因此冬季和初春低溫時的西洋菜最為脆美。

一候玄鳥至

玄鳥即燕子，玄是黑色，因燕子通體羽毛全黑，呼為玄鳥。春分時節，南方的燕子回到舊屋開始築巢。

二候雷乃發聲

隨着春雨漸多，雲層中隱約有雷聲傳來。南方雷聲早，北方雷聲晚。

三候始電

伴隨雷聲的還有閃電，説明強對流天氣增加，高空冷暖交鋒明顯。

春分又稱日中或日夜分，在每年公曆 3 月 21 日前後。春分是指這一天白天黑夜平分，各為 12 小時。又因春季是從立春到立夏三個月，春分正當其中，是為春分。

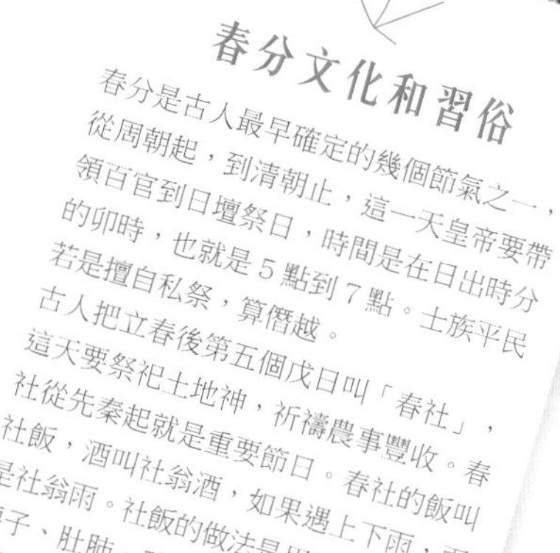

春分文化和習俗

春分是古人最早確定的幾個節氣之一，從周朝起，到清朝止，這一天皇帝要帶領百官到日壇祭日，時間是在日出時分的卯時，也就是 5 點到 7 點。士族平民若是擅自私祭，算僭越。

古人把立春後第五個戊日叫「春社」，這天要祭祀土地神，祈禱農事豐收。春社從先秦起就是重要節日。春社的飯叫社飯，酒叫社翁酒，如果遇上下雨，雨是社翁雨。社飯的做法是用豬肉、羊肉、腰子、肚肺、鴨餅等切成棋子一樣大小的片，調和滋味，鋪在飯上。至今西南有些少數民族仍有此俗，多以臘肉切丁拌在飯裏。唐詩「鵝湖山下稻粱肥，豚柵雞棲對掩扉。桑柘影斜春社散，家家扶得醉人歸。」便是描寫春社之後，鄉人酒足飯飽回家的情景。

麵筋炒蔞蒿 / 038

「竹外桃花兩三枝，春江水暖鴨先知。蔞蒿滿地蘆芽短，正是河豚欲上時。」蔞蒿又名蘆蒿、白蒿、水蒿等，生於淺水沼地，春初水冷時蔞蒿剛發芽，葉還沒大量長成，此時蔞蒿莖稈甘甜脆美，清香撲鼻。

薄荷炒螺螄 / 039

螺螄又叫師螺、絲螺，個體小，殼青或棕色，青殼螺螄是春天鮮美的河鮮之一，清炒即可。清明前是食用螺螄的最佳時機。

薺菜春卷

主料

春卷皮 10 張
薺菜 300 克
冬筍 1 個
五香豆腐乾 3 塊

特色

城中桃李愁風雨，春在溪頭薺菜花。薺菜帶來了春天的味道。

輔料

鹽 1 茶匙
米醋 1 湯匙
油 500 克（實耗 30 克）

烹飪要訣

- 用少許清水黏住春卷皮封口，油炸時不會散開。
- 薺菜餡料中也有放肉糜或肉絲的，可隨個人喜歡增加。
- 也可在兩面刷上油，用炸鍋炸熟。

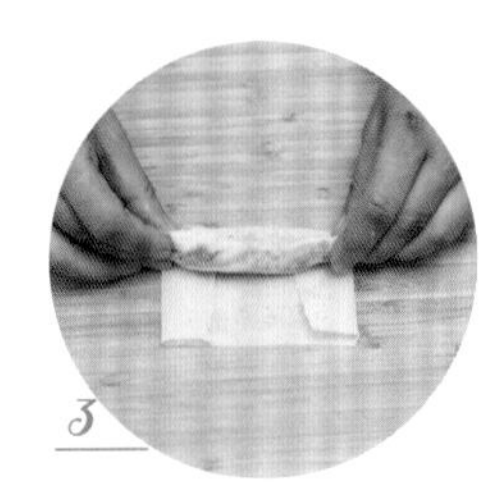

做法

1. 薺菜摘去黃葉、老根，洗淨。燒一鍋開水，放薺菜燙軟，撈出，過涼水，擠乾，切碎。
2. 冬筍去殼、去根，對剖切開，放鍋中煮 5 分鐘，取出放涼，切成細絲。豆腐乾切成細絲，和薺菜、冬筍絲拌勻，加鹽調味。
3. 取一張春卷皮，在一邊放上 15~20 克的餡料，先摺一頭，再折兩邊，捲裹成長條形。可在封口處抹少許清水，起黏合作用。包完所有春卷皮。
4. 鍋燒熱，放油，加熱到七成熱，慢慢放入包好的春卷，炸至整體金黃。取出放在吸油紙上，吸乾油後放入盤中，吃時蘸米醋即可。

主料

西洋菜 150 克　皮蛋 2 個
蒜 2 瓣

輔料

油 1 湯匙　鹽 1 茶匙
胡椒粉少許

烹飪要訣

- 如有高湯，則湯味更鮮。
- 沒有高湯用清水，需大火猛滾，瞬間使煎皮蛋的油乳化，起到湯白味濃的效果。

特色

西洋菜煲湯為粵菜獨有，常見有西洋菜煲龍骨湯、煲魚湯等，上湯西洋菜也是常見的餐廳例湯。

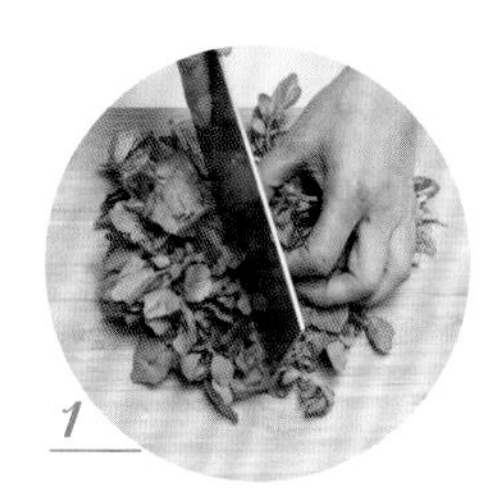
1

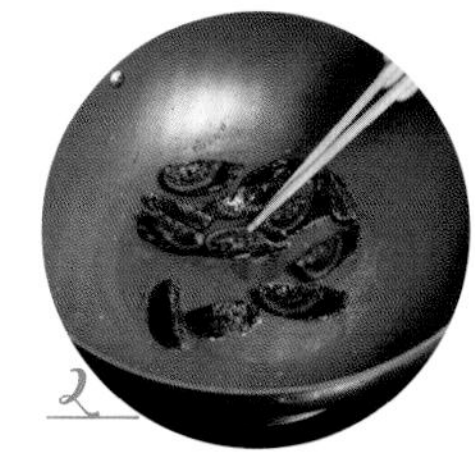
2

3

做法

1. 西洋菜摘去老梗、黃葉，洗淨，切長段。皮蛋剝去殼，對剖切開成 6 瓣。蒜去皮，拍扁，略切兩刀。圖 1
2. 鍋內燒熱油，放入皮蛋，小火煎至三面略焦。圖 2
3. 放蒜粒爆香，加入 500 毫升清水，大火煮開。
4. 撇去浮沫，放西洋菜煮軟，加鹽和胡椒粉調味。圖 3

營養貼士

冬春時節的西洋菜翠嫩清鮮，含有大量的維他命 C，可減少人體黑色素的生成，有效緩解皮膚衰老。衰老是不可逆的，但可通過科學的飲食來積極改善。

春分

春江水暖人也知

麵筋炒蔞蒿

30 分鐘　中等

主料

蔞蒿 200 克
水麵筋 50 克

輔料

油 1 湯匙
鹽 1 茶匙
乾紅辣椒 3 隻

烹飪要訣

- 水麵筋是麵筋洗出後繞成紡錘形再煮熟的麵筋，和油炸成乒乓球形的油麵筋不同。如果沒有水麵筋，也可用加鹼蒸成蜂窩狀的麵筋代替，做前切成粗絲，灼水去掉鹼味。
- 麵筋也可換成雞肉絲、豬肉絲、豆腐乾絲等。

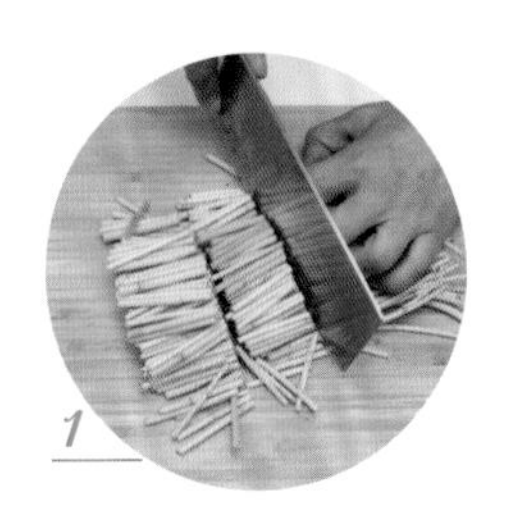
1

2

3

做法

1. 蔞蒿摘去黃葉、老根，洗淨，切段。
2. 水麵筋撕成細絲，放開水鍋中灼燙片刻，撈出瀝乾。乾紅辣椒剪成小段，去籽。
3. 炒鍋燒熱油，下紅辣椒段爆至棕紅色，下蔞蒿炒至軟身。放水麵筋、鹽翻炒均勻即可。

營養貼士

蔞蒿含多種維他命及硒、鋅、鐵等礦物質元素。硒有抗癌、抗氧化作用，並且能調節人體對維他命的吸收。

薄荷炒螺螄

40 分鐘　中等

主料

螺絲 500 克
薄荷葉 10 片

輔料

油 2 湯匙
醬油 2 湯匙
蒜 3 瓣
薑 1 小塊
剁椒 2 湯匙
料酒 2 湯匙
糖 1 茶匙
葱花少許

烹飪要訣

- 也可買已剪好的螺螄，回家再用清水養半天，吐盡泥沙。
- 薄荷葉可換成藿香、羅勒、紫蘇、白蘇等香草，若沒有也可以不放。

做法

1. 螺螄剪去尾尖，洗淨，放開水鍋中灼水，撈出，瀝乾。圖 1
2. 蒜拍破、切碎，薑切片，薄荷葉洗淨。
3. 炒鍋燒熱油，下薑片、蒜蓉、剁椒炒香，放螺螄炒勻。加料酒、醬油、糖翻炒片刻，加清水蓋過螺螄，轉小火加蓋焖 5 分鐘。圖 2
4. 開大火收汁至湯汁減少一半，放薄荷葉翻勻。盛入盤中，撒上葱花即可。圖 3

營養貼士

螺螄高蛋白、低脂肪，鈣含量也較其他肉食性食材高，吃螺螄肉比喝骨頭湯更有補鈣的作用。另外螺螄肉含多種氨基酸，此為螺螄鮮美的原因。

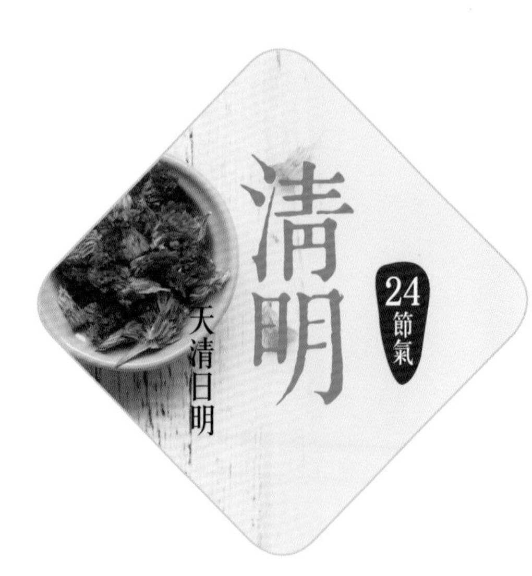

清明來向晚，
山淥正光華。
楊柳先飛絮，
梧桐續放花。
鴽聲知化鼠，
虹影指天涯。
已識風雲意，
寧愁雨穀賒。

園有百花開放，田有菜花金黃，人體此身百骸舒展，可以充分補充維他命、蛋白質，以應勃發之氣，壯筋強骨。
此時期各種花粉在空氣中飄飄蕩蕩，無處不飛，鼻炎患者和敏感人群需加注意，必要時可佩戴口罩，或用紗巾捂住口鼻。

美食薦新

豌豆角炒臘肉 / 042

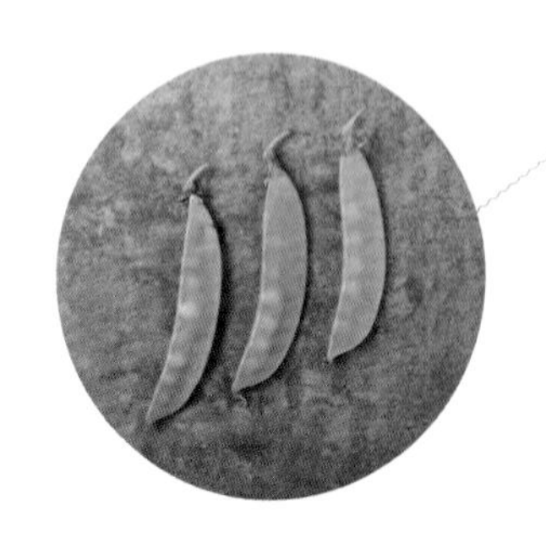

清明之後，豌豆開花，結出嫩莢，莢內豆如米粒，莢如紙扁，又叫豌豆片。此時的豌豆角脆嫩多汁，味美可口。豌豆角經長期栽培，產生了很多品種，其中的「荷蘭豆」最受歡迎，比普通豌豆角更大更脆嫩，清香帶甜味。

葱爆蠶豆 / 043

蠶豆又稱羅漢豆、胡豆、佛豆等，清明前開花，白花黑心，頗有觀賞性；清明後結莢，豆莢肥厚，內層海綿狀。與豌豆角吃豆莢不同，蠶豆吃的是莢內的豆子，鮮靈生嫩。

一候桐始華

時節進入清明，泡桐開花。桐有青桐、白桐，青桐是梧桐，白桐是泡桐。三月開花的是泡桐，泡桐花有紫色和灰白色，桐樹高大，花接碧天。

二候田鼠化為鴽

田鼠喜陰，往更深的地下藏身；鴽鶉喜陽，四處覓食，地上見鴽不見鼠。

三候虹始見

草木茂盛，遮蔽泥土，雨水漸多，灰塵減少，空氣清朗，時有彩虹出現。

風和雨順，萬物生長，清潔明淨，故曰清明。每年公曆 4 月 5 日前後交節，歲至仲春，這是一年之中最美的季節。

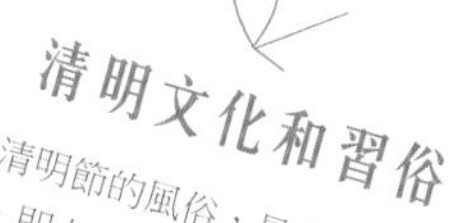

現代的清明節的風俗，是古時三個節日的合併，即上巳節、寒食節、清明節。清明的一個風俗是要插柳，家家門首插柳，男女老幼各都佩戴。清明節戴柳，上墳掃墓，是從春祭引發而來的，春分皇帝祭太陽，清明百姓祭祖先。上巳的折柳踏青水邊洗浴，加上寒食的掃墓祭祀先人，基本奠定了現代清明節風俗的雛形。唐朝王維有一首《寒食城東即事》詩，最後一句是「少年分日作遨遊，不用清明兼上巳」，可見至遲到唐朝，三節已經重疊。

上海雖然開埠很早，受西方文化影響很深，但清明時頭插柳枝的風俗，仍然保存到了 20 世紀 90 年代。俗諺有云：「頭戴清明柳，來世修個好娘舅」。

田螺和螺螄不同，螺螄小，田螺大，大的田螺有一枚雞蛋那麼大。「清明螺，賽過鵝」，説的就是田螺。清明之後，田螺進入繁殖期，殼內孕藏小田螺，肥厚軟糯的田螺肉變得瘦瘠，不宜再吃。

椒麻桂花魚 / 046

「西塞山前白鷺飛，桃花流水鱖魚肥」，仲春時節是桂花魚最肥美的時候。桂花魚刺少、肉多，肌理清晰，燒熟的魚肉呈蒜瓣形，肉質鮮美。

清明

臘香滿口頰齒脆

豌豆角炒臘肉

40 分鐘　簡單

主料

豌豆角或荷蘭豆 250 克
臘肉 150 克

輔料

薑 1 小塊　　蒜 3 瓣
油 1 茶匙　　鹽半茶匙
料酒 1 湯匙

烹飪要訣

- 一般的豌豆角小而薄，而荷蘭豆大而厚；口感上荷蘭豆更脆，豌豆角更有時令感。選擇哪一種，看各人喜歡。
- 臘肉有鹹味，用爆過臘肉的油再炒豌豆角，可適當少放鹽。
- 在煸臘肉時先放少量油，可使臘肉不黏鍋，不會產生焦糊味。

做法

1. 豌豆角或荷蘭豆撕去筋，掐去角，洗淨。
2. 臘肉洗淨，煮熟，去皮，切成薄片。蒜拍破、切碎，薑切片。
3. 炒鍋放油，冷鍋冷油，下臘肉小火煸炒至出油，下薑片爆香，淋料酒，翻勻。把炒香的臘肉盛出，原鍋餘油下蒜粒爆香，下豌豆角炒至軟身，放鹽炒至八成熟。
4. 放入炒過的臘肉，翻勻即好。

特色

半肥瘦的臘肉，煸出了充滿臘香的油脂，在瞬間用高溫加熱熟了豌豆角，豌豆角保持了豆角的水分和鮮亮的滋味，這是炒這種方法帶來的奇蹟。

營養貼士

豌豆角是豌豆苗開花後結的嫩莢，口感脆爽，清鮮多汁。豌豆苗含的營養素它都具備，除此之外，豌豆角還富含膳食纖維，能夠緩解便秘，預防結腸癌。

主料

新鮮去莢蠶豆 150 克
細香葱 50 克

輔料

油 1 湯匙	鹽 1 茶匙
料酒 1 湯匙	糖半茶匙

烹飪秘笈

- 剝去豆嘴可使蠶豆更嫩，並且容易入味。如果蠶豆很嫩，則不必。
- 先爆葱花有葱香，後撒葱花有葱色。

特色

蠶豆皮顏色粉綠，蠶豆粒又是深一點的翠綠，再加上香葱的葱綠，頓覺綠意盎然，春意十足。

做法

1. 蠶豆剝去豆嘴，洗淨。圖 1
2. 細香葱剝去外層老皮，摘去黃葉，洗淨切成葱花。
3. 炒鍋燒熱，加油爆香一部分葱花，下蠶豆煸炒至豆皮微微起皺。放鹽、糖、料酒炒香，加少許清水煮 2 分鐘。圖 2
4. 收乾湯汁，出鍋前加入剩下的葱花，翻勻即可。圖 3

營養貼士

嫩蠶豆上市期不長，稍遲即老，長老的蠶豆澱粉質增加，維他命和胡蘿蔔素等營養物質減少，因此蠶豆是吃嫩的好。嫩蠶豆富含 B 族維他命，熬夜和飲酒過量人士最易缺乏 B 族維他命，因此在嫩蠶豆上市的季節不妨多吃一些。

清明

潤綠如酥

豆瓣酥

30 分鐘　中等

主料

新鮮蠶豆 250 克

輔料

糖 2 湯匙
油半茶匙

烹飪要訣

- 選用稍老的蠶豆，粉質化更好。
- 蠶豆在蒸籠裏盡量平攤開，可縮短蒸製時間。
- 也可把糖換成鹽，做成鹹味的豆瓣酥。
- 沒有擠花袋和擠花嘴，可用月餅模、冰模，或任何能塑形的工具，實在沒有，隨手捏成塔形，再用刀面抹平整。

做法

1. 蠶豆去皮，剝出蠶豆瓣，洗淨，上籠蒸 5~8 分鐘至熟。
2. 取出，稍涼後壓成泥，加入糖和油拌勻。
3. 擠花袋剪一小口，放進大號菊花嘴，再把蠶豆泥放進袋內。
4. 依個人喜好擠成花形或別的形狀。

營養貼士

新鮮蠶豆的 B 族維他命含量是同類蔬菜中最高的，同時膳食纖維含量超過看上去纖維感十足的芹菜。膳食纖維在幫助通便的同時，也能起到降血脂、降血糖的作用。

特色

曬乾的老蠶豆是澱粉豆，新鮮的嫩蠶豆如一滴水。四月下旬，蠶豆的澱粉質增加且尚未長老，可製作鮮綠沙粉的豆瓣酥。

清明

田螺姑娘巧手做
釀田螺

50 分鐘　高等

主料

田螺 500 克　豬肉碎 100 克
馬蹄 10 個

輔料

薑 1 小塊　鹽 1 茶匙
糖、生抽各 1 茶匙
老抽、料酒各 1 湯匙
油 2 湯匙　八角 1 個
花椒 10 粒　乾紅辣椒 2 隻
大葱段 2 段　蒜 2 瓣

烹飪要訣

- 田螺選大小差不多的，成品較好看。
- 釀餡不必太多太滿，以免吃的時候吮不出來。
- 餡料已經有味道了，湯內略有些鹹味就可以了。

1

2

3

4

做法

1. 田螺用清水養半天，吐盡泥沙，用刷子洗淨表面雜質，剪去尾尖。煮一鍋清水，把田螺放進去煮至螺蓋脱落浮起，撈出過涼。
2. 用牙籤挑出螺肉，掐去尾尖，留下螺肉，洗淨，剁碎。
3. 薑一半切片，一半切末；蒜拍破；乾辣椒剪成段；馬蹄削去皮，拍破，剁碎。薑末、螺肉、馬蹄碎、豬肉碎放在一起，加料酒、鹽、生抽拌勻，釀進螺殼。
4. 鍋內放油燒熱，放薑片、蒜粒、乾紅辣椒、葱段爆香，放進釀好的田螺翻炒。加水蓋過田螺，放老抽、料酒、糖、八角、花椒煮開。轉小火，加蓋燜 50 分鐘，至湯汁濃縮，香味傳出即好。

特色

田螺味道鮮美，卻肉少殼大，煮一大盤，沒吃到兩口肉，剛夠塞牙縫。用田螺殼釀螺肉，正是物盡其用，味盡其鮮。

清明

香梗綠蟻膾紅絲

椒麻桂花魚

50 分鐘　高等

特色

「夾岸桃花燕子飛，一江春水鱖魚肥。」春天是吃桂花魚的季節。可糟可醃，可湯可燴，只是不能做魚生了。

主料

桂花魚 1 條　粉皮 1 張

輔料

鹽 2 茶匙　料酒 1 湯匙　澱粉 1 湯匙
胡椒粉少許　雞蛋白 1 個　油 3 湯匙
花椒 20 克　小米辣 2 隻　薑 1 小塊
蒜 2 瓣　葱花少許

烹飪要訣

- 桂花魚不可太大，750 克至 1 公斤最好。
- 喜歡吃辣的，裝飾用的紅椒可換成乾紅辣椒，用量加大，做成麻辣味的水煮魚也可以。
- 打底的粉皮可換成別的蔬菜，如大豆芽、萵筍片等。

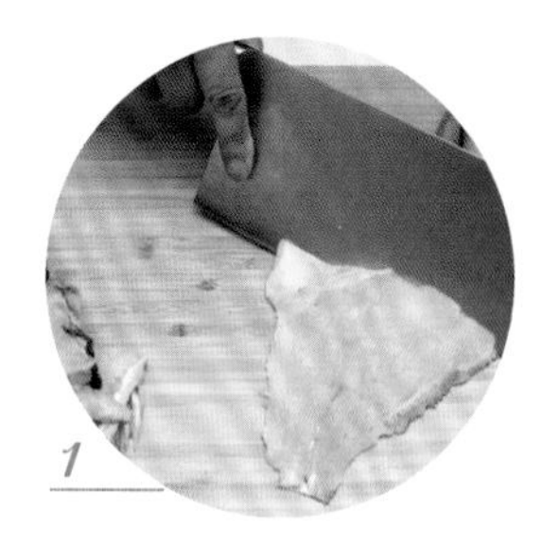
1

2

3

4

5

6

做法

1. 桂花魚洗剖乾淨，切下頭尾，中段沿脊骨平切兩刀，剖為三片，兩片魚肉去腹骨，斜切為大薄片，魚骨剁為三段。
2. 魚肉加 1 茶匙鹽、胡椒粉、料酒、澱粉、雞蛋白拌勻，醃 10 分鐘以上。粉皮沖淨，切為大片；薑切片；蒜去皮、剁碎；小米辣切成圈。
3. 鍋內燒熱 1 湯匙油，放魚頭、魚尾、魚骨煎黃，加 300 毫升清水和薑片煮開，加剩下的鹽調味。
4. 魚湯煮白後撈出頭、尾、骨頭，魚頭魚尾擺在盤子的兩邊，魚骨放中間。撈去湯內雜質，放粉皮燙熟，撈出放在魚骨上。
5. 湯再次燒開，依次下魚片，煮熟，連湯倒入盤內魚頭魚尾之間。
6. 炒鍋燒熱 2 湯匙油，放花椒、蒜末、小米辣炸香，澆在魚肉上，撒上葱花即成。

營養貼士

桂花魚肉的蛋白質含量在淡水魚中可排第二。蛋白質是人體細胞的基礎，身體所有的功能運作都需要蛋白質的參與，只有保證攝入充足的蛋白質，才有健康的身體。

穀雨春光曉，
山川黛色青。
葉間鳴戴勝，
澤水長浮萍。
暖屋生蠶蟻，
暄風引麥葶。
鳴鳩徒拂羽，
信矣不堪聽。

穀雨養生

春已將盡，氣溫升高，早睡早起，健步有功。
穀雨有雨，外出踏青賞花郊遊時留心天氣，早晚看天氣預報。

美食薦新

生菜包 / 050

生菜

生菜即葉用萵筍。與中國的莖用型的萵筍不同，歐洲培育出了葉用型萵筍，有散生一叢、葉片像扇形展開的，也有像圓白菜那樣的結球形，稱羅馬生菜。不管是扇葉還是結球型，生菜都脆嫩多汁，適於生吃。

青蒜回鍋肉 / 052

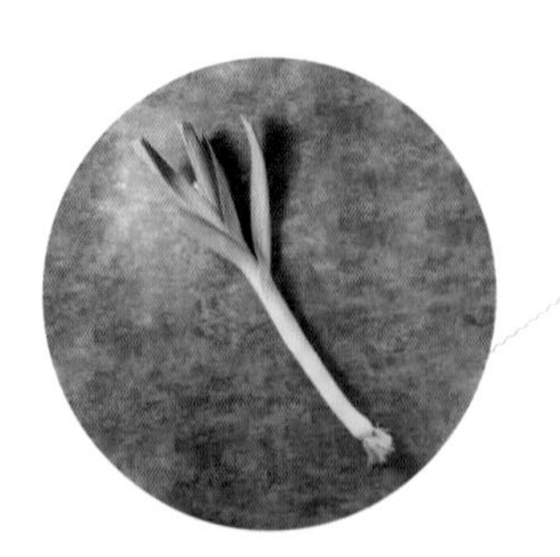

蒜苗

蒜苗是大蒜幼苗發育到一定時期的青苗，又叫青蒜。蒜苗青翠碧綠，作為大蒜的青苗，有蒜香而無蒜辣，但蒜辣素卻不因生長而丟失。在四川菜，青蒜用得最多。

一候萍始生

時值穀雨，湖泊中長出了浮萍、田字萍、槐葉萍、蘋蓬草等水生植物，説明水溫上升。

二候鳴鳩拂其羽

鳩是鳲鳩，一名大杜鵑，大杜鵑鳴聲似「布穀」，又名布穀鳥。布穀鳥啼聲提醒農夫插秧播穀。

三候戴勝降於桑

戴勝是一種鳥，頭上有羽冠，像傳説中西王母頭上戴的冠飾「勝」。戴勝鳥的出現，標誌桑樹出葉，開始養蠶。

雨生百穀，故稱穀雨。清明斷雪，穀雨斷霜，穀雨之後，天氣漸熱。穀雨是春天的最後一個節氣，此時已是公曆 4 月下旬，北方賞牡丹，南方芍藥開。

穀雨文化和習俗

雨生百穀，萬物生發，包括茶葉。「山寺饋茶知穀雨，人家插柳記清明。」穀雨節氣，是採茶吃茶的時節。中國諸多產茶區，從清明到穀雨，是春茶上市的時候。穀雨節氣，各產茶區都有與茶文化相關的活動舉行，穀雨節氣可算是品茶節。唐朝時茶聖陸羽即有「人買山茶先穀雨」的詩句。

農曆三月，南方海邊的黃魚汛來臨。黃魚即石首魚，從宋到現在，魚汛一直沒有變。到明清時，南方第一批捕得的黃魚送至京中，要先呈獻皇宮，然後才能進入市場，如果有商人運來魚獲到京城私下自行發賣，則有欺君之名。因穀雨有魚汛，海邊人家在穀雨節氣有祭海的風俗。

清蒸童子雞 / 054

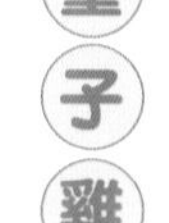

童子雞又叫春雞，是剛發育成熟而未配育過的小雞，其蛋白質含量佔 60% 左右。蛋白質消化率高，容易被人體吸收，雞肉中所含磷脂類更是維持人們生命活動的基礎物質，是維持新陳代謝、激素的均衡分泌、增強人體免疫力和再生力必需的。補充營養，童子雞是極佳的選擇。

薑絲炒扁豆絲 / 056

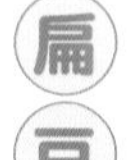

扁豆又叫藊豆、鵲豆，花有紅白兩種，豆莢有綠白、淺綠、粉紅或紫紅等色，嫩莢作蔬食。開白花的扁豆種子為白色，開紫花的扁豆種子為紫黑色，扁豆的種子上有一條白色臍線，有豆子的 2/5 長，形如眉毛，因此又叫眉豆。

穀雨

古飯新吃

生菜包

50分鐘　中等

特色

明《酌中誌》中記載宮中四月要吃「包兒飯」，做法是以各樣肥肉，薑、蒜切如豆大，拌飯，以萵筍大葉裹食之。現用生菜葉，即葉用萵筍，葉子比萵筍更寬大，脆嫩、清甜、多汁。

主料

新鮮米飯 1 大碗　　生菜 1 棵　醬肉 50 克
松仁小肚 1 個　　豆腐 1 塊（約 200 克）
雞蛋 4 個　　細香葱 100 克

輔料

油 4 湯匙　　鹽 2 茶匙　薑 1 塊
蒜 4 瓣　　黃豆醬適量

烹飪要訣

- 配菜可按個人口味任意替換。
- 黃豆醬可換成個人喜歡的任何一種醬料。
- 生菜可換成大白菜葉。
- 松仁小肚是哈爾濱之名產食品。

1

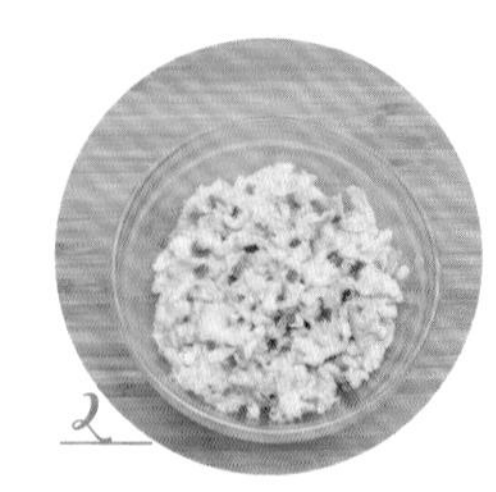
2

3

4

5

6

做法

1. 細香葱摘去老葉，切成葱花；薑切細絲；蒜去皮，壓成蒜泥。
2. 豆腐壓碎，包進紗布，擠乾水分，用 2 湯匙油炒乾豆腐碎，加 1 茶匙鹽，出鍋時放入一半葱花炒勻，裝盤備用。圖 1
3. 雞蛋，加鹽調散，用 2 湯匙油炒熟，搗碎，臨出鍋時放入一半葱花炒勻，裝盤備用。
4. 醬肉切薄片，松仁小肚切薄片，裝盤備用。圖 3
5. 生菜用純淨水洗淨，瀝乾，裝盤備用。
6. 蒜泥和黃豆醬拌勻，裝盤備用。圖 4
7. 取一個大碗，盛小半碗熱米飯（約 100 克），隨意放入醬肉片、松仁小肚片、炒豆腐松、炒雞蛋、薑絲，拌勻。圖 5
8. 吃時取一片生菜，抹上蒜泥醬，包上拌好的菜飯進食。圖 6

營養貼士

生菜即葉用萵筍，是萵筍的葉用性品種，脆嫩多汁，富含維他命 C 等，尤其富含萵苣素，萵苣素有鎮痛的功效。生菜還含有甘露醇，能促進血液循環。

有蒜才叫狠

青蒜回鍋肉

60 分鐘　中等

特色

回鍋肉與蒜苗最匹配，並且只有蒜苗，其他用青椒、蒿筍、圓白菜等的都是異端。

主料

帶皮臀尖肉 1 塊（約 300 克）
青蒜苗 100 克

輔料

薑 1 塊（切片）	大葱 1 棵（切段）	
花椒 10 粒	油 1 湯匙	
豆瓣醬 1 湯匙	豆豉 1 茶匙	
糖 1 茶匙	醋 1 茶匙	
醬油 1 茶匙	料酒 2 湯匙	蒜 2 瓣

烹飪要訣

- 煮好的肉放在湯內自然冷卻，保持水分，瘦肉煸炒後不乾韌。
- 如時間不夠，可將肉取出放在冷水內，擦乾水分再切，以免煸炒時爆鍋。
- 沒有豆豉可以不放。
- 豆瓣醬、豆豉、醬油均有鹹味，炒肉時不必再放鹽。
- 臀尖肉是豬後腿臀肉間的一塊肉。

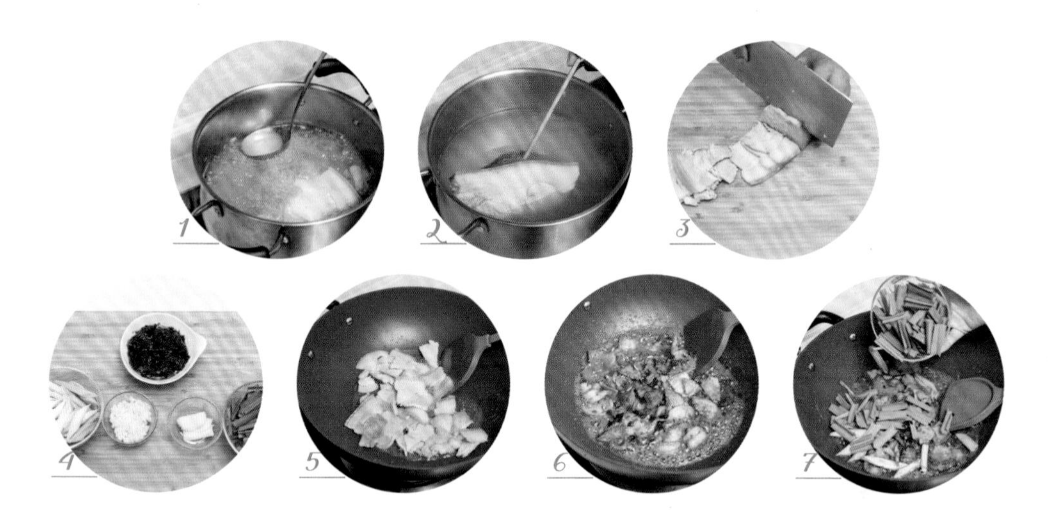

做法

1. 臀尖肉洗淨，冷水下鍋，放大葱段、花椒、一半薑片，加入部分料酒大火煮開，撇去浮沫，轉中小火煮 20~30 分鐘。
2. 煮至筷子可以輕鬆穿過豬皮，關火，留在湯內。
3. 待肉自然冷卻至常溫，取出切成薄片。
4. 等肉冷時可準備輔料。青蒜去老皮、黃葉，洗淨；蒜白拍鬆，斜刀切段，蒜葉改直刀，切段；蒜切末；豆瓣醬剁碎。
5. 炒鍋內放油和肉片小火煸炒，炒至肥肉出油，肉片捲縮，顏色微黃。
6. 下蒜末、豆瓣醬、豆豉、剩餘薑片炒香，炒至油亮變紅，肉片上色。
7. 放醬油、糖、醋、剩餘料酒炒入味，下青蒜葉和蒜白段炒勻即可。

營養貼士

俗話說「吃肉不吃蒜，營養減一半」，大蒜含大蒜素，和瘦肉中的維他命 B_1 結合，可迅速恢復體力。大蒜所含的蒜辣素和硫化合物還有極強的殺菌抑菌的功用，可有效治療細菌性痢疾，預防呼吸道疾病。

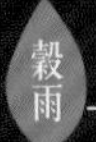

穀雨

雞嫩如鮮筍

清蒸童子雞

50 分鐘　中等

特色

《酌中誌》載宮中四月換紗衣、賜扇子、賞牡丹，飲食方面吃櫻桃、筍雞等。櫻桃表示這一年時新水果開始上市，筍雞即童子雞、嫩雞，吃筍雞是這一年新養的動物已經長成，暗示六畜興旺。

主料

光童子雞 1 隻（約 500 克）
冬菇 4~5 朵　　鹹筍尖 50 克
金華火腿 50 克

輔料

薑 1 塊　　細香葱 3 棵
鹽 1 湯匙　　料酒 1 湯匙

烹飪要訣

- 選子雞，不可過大，肉嫩骨軟，稍蒸即熟。
- 雞用鹽醃過，鹹筍尖和火腿均有鹹味，雞湯就不用再放鹽了。如嫌味淡，可稍放鹽，或蘸生抽吃。
- 如沒有鹹筍尖和火腿，也可不放，蒸時適當放鹽。
- 如想喝湯，可在蒸雞的碗內放入清湯或水。

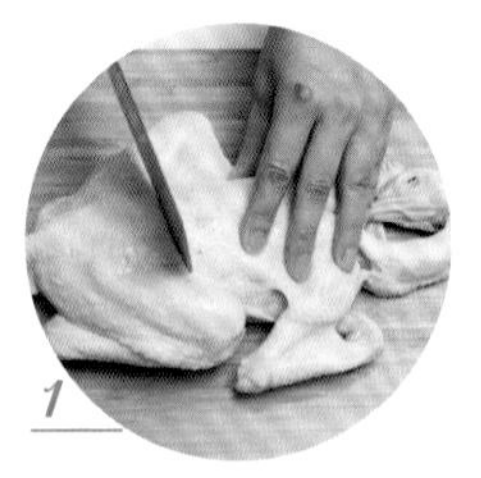
1

2

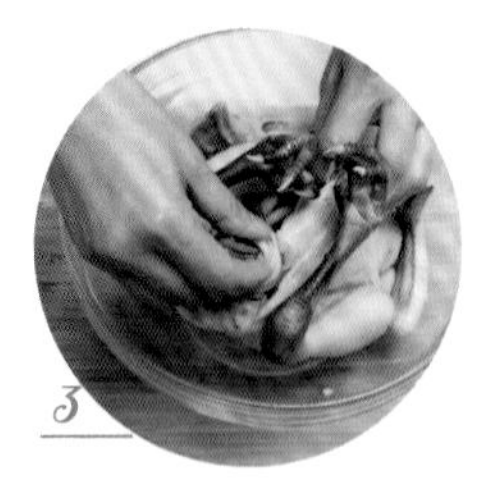
3

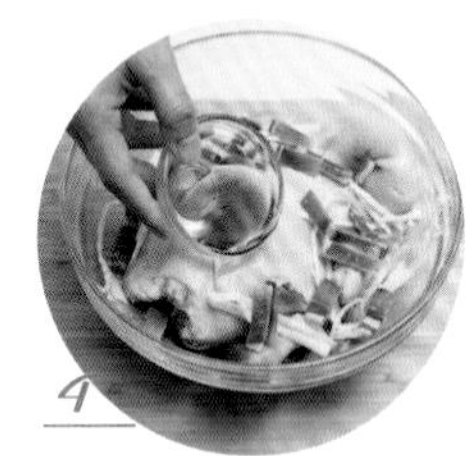
4

5

做法

1. 光雞從腹部剖開，掏淨血塊，沖洗乾淨，用刀尖沿脊骨斬幾刀，斬斷骨頭，不要弄破雞皮。圖 1
2. 用鹽在雞內膛、外表揉勻，雞胸和雞腿等肉厚的地方多揉些鹽，醃 10 分鐘。
3. 薑切片、葱打結，冬菇洗淨，浸發。
4. 鹹筍尖去掉多餘鹽，泡發，撕成細絲；火腿切薄片。
5. 燒一鍋開水，把醃過的雞放進去燙一下就撈出，使雞身光潔整齊。圖 2
6. 燙過的雞腹塞入冬菇、薑片、葱結，雞腹朝下，放在大碗。圖 3
7. 雞身旁邊放鹹筍尖，雞背放火腿片，淋上料酒。圖 4
8. 放蒸籠內大火蒸 20 分鐘以上或至熟。圖 5

營養貼士

童子雞的蛋白質含量比老母雞高。老母雞燉湯香濃是因為結締組織豐富和油脂含量高，但身體虛弱的人要補充營養，還是以童子雞為好。過於油膩，反而有礙營養的吸收。

穀雨

農家樂

薑絲炒扁豆絲

20 分鐘　簡單

主料

嫩扁豆莢 100 克
薑 1 塊

輔料

油 1 湯匙
鹽 1 茶匙

烹飪要訣

- 扁豆莢上有茸毛，切成絲再炒，口感較清爽。
- 配搭肉絲炒，扁豆絲更油潤滑腴。

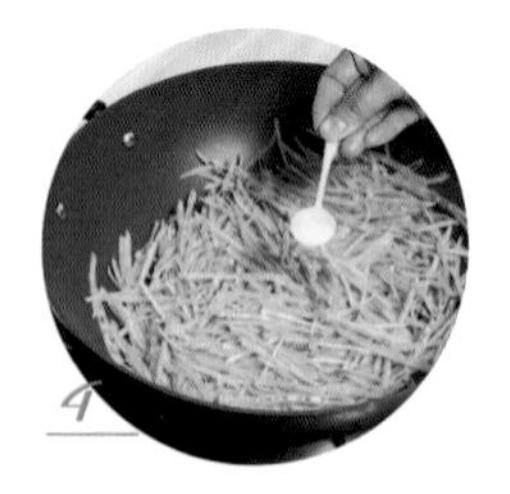

做法

1. 嫩扁豆莢撕去邊上老筋，洗淨，切成細絲。
2. 薑去皮，切成細絲。
3. 炒鍋燒熱油，先放薑絲炒出香味，再下扁豆絲炒勻。
4. 撒少許水以免乾鍋，炒熟後放鹽調味，即成。

營養貼士

扁豆富含 B 族維他命和鐵，新鮮扁豆的營養價值比乾豆類要高，而且新鮮豆類富含粗纖維，可促進人體腸道蠕動，預防和緩解便秘。

Chapter 2

夏

夏生萬物，茂健百穀。
起於立夏，止於大暑。

「夏滿芒夏暑相連」，本季6節為立夏、小滿、芒種、夏至、小暑，大暑。跨度為陽曆的5~7月，在每年陽曆5月6日左右立夏，初夏薔薇盛開，夏季開始。

欲知春與夏，
仲呂啟朱明。
蚯蚓誰教出，
王菰自合生。
簾蠶呈繭樣，
林鳥哺雛聲。
漸覺雲峰好，
徐徐帶雨行。

美食薦新

立夏初熱，飲食有度，不宜太涼，不宜過飽，不宜油膩。果中以櫻桃為先，是水果新味之始。漢唐時最重櫻桃，櫻桃先百果而熟，得正陽正氣。「四月八，食枇杷」，除了櫻桃，還有枇杷。枇杷黃時，桑葚紫黑，加上草莓鮮紅，諸般水果俱都清甜多汁。此時也宜吃筍雞，即童子雞，二月下旬的雛雞養到立夏，正是鮮嫩的時候，也是一年新禽之始。

絲瓜炒毛豆 / 060

毛豆

毛豆即黃豆的新鮮幼嫩時期。毛豆含植物蛋白質和植物性油脂，其蛋白質含量高達 40%，在動物性食物缺少的年代，毛豆和黃豆是人體補充蛋白質的重要來源。

雞湯燴青圓 / 061

此豌豆指的是剛從豆莢剝出的嫩豌豆，綠色，軟嫩，而非曬乾的老豌豆。立夏時節的豌豆角已經莢老變硬，不再中吃，裏面的青綠色豌豆卻正是時候，剝出來或清炒，或湯燴，是初夏的時令菜。

立夏三候

一候螻蟈鳴

螻蟈即螻蛄，又名拉拉蛄、地拉蛄，五月初羽化成蟲，出土即啃食作物的嫩苗。

二候蚯蚓出

暴雨之後土地鬆軟，蚯蚓上游吐泥。蚯蚓性喜溫暖、潮濕、鬆軟、安靜的泥土環境。

三候王瓜生

王瓜即赤匏，成熟時顏色鮮紅，古人認為這是至陽之物，在立夏時發芽攀藤。

在每年公曆5月6日左右立夏，是夏季的第一個節氣，是夏天之始。中國大多數地方，這時還是仲春時節，開的還是春花，如芍藥、薔薇、木香、玫瑰、月季等。氣象意義上的夏天，是日平均氣溫在22℃，並且要連續5天，才算正式入夏。這個時節能滿足這個條件的只有華南。中國地緣遼闊，二十四節氣主要反映的是指黃河、淮河、長江流域的廣大地區。

立夏文化和習俗

立夏又稱四月節，民間有「鬥蛋」的習俗，即用絲線結成絡子，裝上熟雞蛋，掛在小孩的胸前。小孩到了學校，取出胸前絡子內的雞蛋，和同學比大小、比殼硬，互相撞着玩，撞碎了就吃掉。

江南在四月初八吃烏米飯，糯米用烏飯樹葉揉出的汁浸泡一夜，次日雪白的糯米浸得烏黑發亮，蒸熟後有草木的清香，拌糖而食，比尋常糯米飯更香更潤。烏米飯即唐朝時的青精飯，杜甫有詩：「豈無青精飯，使我好顏色」。

絲瓜燴蝦仁 / 062

絲瓜

絲瓜易種，不佔地方，即使在城市，底樓有天井，樓上有陽台的人家也能種一兩棵絲瓜，爬滿一面藤架。絲瓜易結，常看到老熟的絲瓜留在稍高處的架上，慢慢變成了絲瓜絡。全國大多數省區的絲瓜都是柔軟皮皺的，廣東有一種棱角絲瓜，瓜皮上有明顯的棱和溝。絲瓜因含水量大，也叫水瓜。

鹽水河蝦 / 063

河蝦

立夏時節的河蝦到了最肥美的時候，雌蝦孕子，雄蝦生黃。蘇州名菜「炒三蝦」是用這個時候的河蝦做成，剝出蝦仁，剔出蝦膏、淘淨蝦子，清炒一盤。蝦仁粉白、蝦膏金黃、蝦子或紅或黑，鮮美難言，過時不候。

立夏

瓜棚豆架翠如絲

絲瓜炒毛豆

20 分鐘　簡單

主料

新鮮毛豆 100 克
絲瓜 2 條

輔料

油 1 湯匙
鹽 1 茶匙
鮮醬油少許

烹飪要訣

- 毛豆要先加鹽炒煮入味。
- 絲瓜易熟易入味，炒至半透明即可關火，鍋內餘溫可繼續使其成熟。
- 煮毛豆的湯已有鹹味，下絲瓜後不必再放鹽。
- 絲瓜和毛豆本身味淡，上碟前放少許鮮醬油提味增鮮。

1

2

3

4

做法

1. 毛豆洗淨，瀝乾。
2. 絲瓜去皮，切成滾刀塊，沖水瀝乾。
3. 炒鍋放油燒熱，下毛豆、鹽炒至表皮微皺，加 2 湯匙清水煮 2 分鐘。
4. 下絲瓜炒勻，炒至絲瓜出水，呈半透明狀，灑少許鮮醬油即可。

營養貼士

新鮮毛豆富含大豆蛋白，大豆蛋白比動物蛋白更易被人體吸收，東方人常有乳糖不耐症，喝牛奶不易消化，但大豆蛋白不存在這個問題。在毛豆上市的季節，可以多吃毛豆。

特色

毛豆和絲瓜是初夏的時令蔬菜，看到毛豆上市，就知道夏天來了。

主料

嫩豌豆莢 250 克
火腿 50 克
雞湯 300 克
薑 1 小塊

輔料

鹽 1 茶匙
胡椒粉少許

烹飪要訣

- 沒有新鮮豌豆莢，可用冷凍青豆代替。
- 沒有雞湯，可用罐頭雞湯或高湯代替。
- 沒有金華火腿或宣威火腿，可用西式火腿代替。

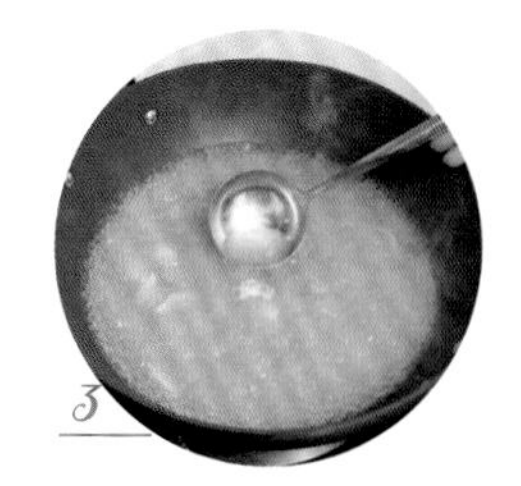

做法

1. 豌豆莢去殼，剝出嫩豌豆，沖淨瀝乾。
2. 火腿及薑分別切菱形小片。
3. 雞湯放火腿和薑片煮開，撇浮沫。
4. 放豌豆煮至軟熟，放鹽和胡椒粉調味。

特色

雞湯鮮香，顏色亮黃，配上碧綠的豌豆粒，一粒粒浮在湯內，用勺子舀食，酣暢美滿。

營養貼士

青圓是嫩豌豆粒的美稱，新鮮豌豆粒有豐富的大豆磷脂。大豆磷脂可讓人體血管充滿彈性，防止脂肪肝形成。長期高糖、高熱量的飲食有罹患脂肪肝的風險，適當攝入新鮮豆類，可降低疾病發生的機會。

主料

絲瓜 2 條
蝦仁 200 克

輔料

油 2 湯匙
薑 1 小塊
澱粉 1 茶匙
鹽 2 茶匙
料酒 1 湯匙

烹飪秘笈

蝦仁的澱粉和絲瓜湯遇熱變稠，達到勾芡的效果。

特色

絲瓜生翠，蝦仁熟紅，光看色，就知道鮮，這兩樣菜都極易熟，輕油慢火，短燴即可。

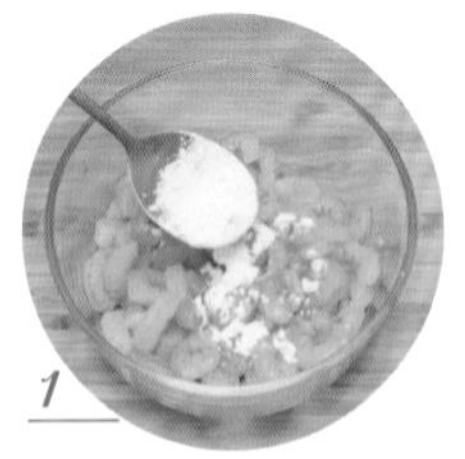
1

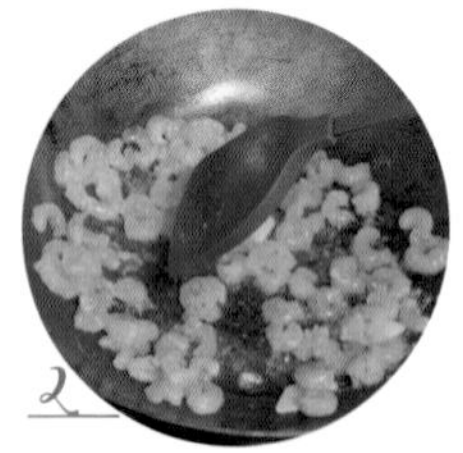
2

3

做法

1. 蝦仁挑去蝦腸，洗淨，用廚房紙吸乾水分，加 1 茶匙鹽、料酒、澱粉拌勻，放入冰箱醃 30 分鐘。圖 1
2. 絲瓜去皮，切成滾刀塊；薑切菱形小片。
3. 炒鍋燒熱，放油燒至五成熱，放薑片、蝦仁炒散。圖 2
4. 放絲瓜和鹽炒勻，加蓋焗 2 分鐘至絲瓜出水，開蓋炒至湯汁變稠即可。圖 3

營養貼士

絲瓜含豐富的 B 族維他命和維他命 C，能有效抗衰老及抗壞血病，還有一定的抗過敏效果。

立夏

簡單最是鮮

鹽水河蝦

30 分鐘　簡單

主料

河蝦 300 克

輔料

薑 2 片
料酒 2 湯匙
鹽 1 茶匙
花椒 10 粒

烹飪要訣

- 河蝦易熟，煮開即可，久煮變老。
- 原湯浸泡，蝦殼不乾，肉更細潔。

特色

蝦肉鮮甜，用淡鹽水煮熟，蝦肉本身的甜味完完全全被鹽味帶出，清水淨鹽煮河蝦，已是人間至味。

1

2

3

做法

1. 河蝦剪去蝦鬚、蝦槍和蝦腳，洗淨。
2. 河蝦放進小鍋，放鹽、花椒、料酒、薑片，加水浸過蝦面，加蓋煮開。
3. 關火，靜置，自然冷卻。吃時連湯一起上桌。

營養貼士

初夏的河蝦是最好的，有甘甜的蝦黃，腹部有鮮美的蝦子，簡單的白水煮，加鹽提鮮增味就好，可以完美呈現河蝦的鮮美，以及最大程度保留河蝦的營養。河蝦富含鎂元素，鎂可減少血液中膽固醇的含量，預防動脈硬化。

小滿氣全時，
如何靡草衰。
田家私黍稷，
方伯問蠶絲。
杏麥修鐮釤，
錋荒豎棘籬。
向來看苦菜，
獨秀也何為？

夏天已至，油炸食物熱量高易致上火、肉湯雞湯骨頭湯熱而油膩，酥油點心不易消化，少吃或不吃為好。

美食薦新

此時，產麥區取新麥穗炒熟，去殼去芒，用石磨磨成細條，加青瓜肉絲蒜泥等拌勻，叫「碾轉」，碾磚是一年五穀之新。此時新麥上市，種麥區可以在麥熟前一個星期先採灌漿的麥穗，製作「碾轉」，品嘗新糧。

海米莧菜湯 / 066

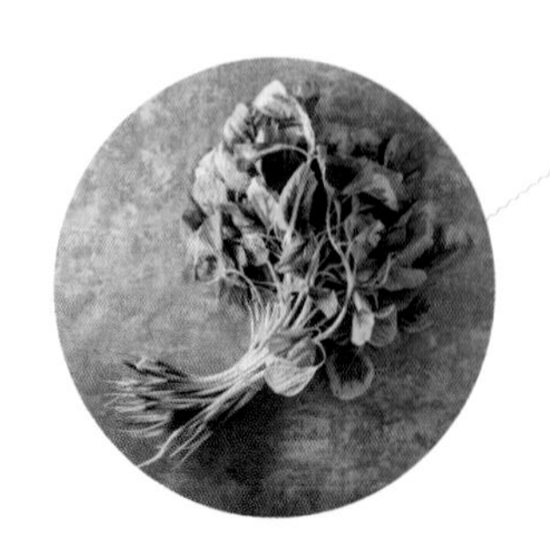

小滿之後便是端午節，端午節的食俗必吃莧菜。莧菜有紅莧、綠莧、花莧等，初夏的莧菜軟糯滑潤，炒食煮湯皆宜。莧菜草酸較高，可灼水之後再涼拌。

葱㸆鯽魚 / 067

鯽魚幾乎是最常見的一種魚，產卵期在春夏兩季，五、六月份的鯽魚肉厚子多，肉質細嫩，鮮美甘甜，魚子煎後有獨特的香氣和口感。

一候苦菜秀

秀是花，小滿時節，苦菜開花，不能再吃。苦菜古稱荼，「誰謂荼苦，其甘如薺」的荼即是。民間對苦菜的定義不止一種，苦蕒菜、苦苣菜等菊科植物都有苦菜之名。

二候靡草死

靡草是指薺菜、葶藶之類十字花科的野菜，此時子老結實，植株枯死。

三候麥秋至

穀熟為秋，麥子在農曆四月下旬成熟，因此小滿節氣也稱「麥秋」。

小滿之時，麥穗飽滿，但尚未成熟，萬物生長稍得盈滿，尚未全滿，物致於此小得盈滿，是謂小滿。長江以南地區經過一個春天和初夏的積雨，江河湖滿；長江以北大部分地區平均氣溫達到 22℃以上，氣象意義上的夏季正式開始。

小滿文化和習俗

小滿在農曆四月中旬，這個時候櫻桃和蘆筍正鮮嫩，唐朝稱這段美妙的日子為「櫻筍廚」，李綽《秦中歲時記》上說：「四月十五日，自堂廚至百司廚，通謂之『櫻筍廚』。」小滿之後，有品級的官員在上班日子的餐膳，有櫻桃和蘆筍。唐人吃櫻桃，配的是熬稠的濃縮甘蔗汁和冰塊，再加發酵的羊乳：「筠籃新采絳珠傾，金盤乳酪齒流冰。」唐人說的蘆筍，不是現在的蘆筍，而是蘆葦的嫩芽，也就是蘇軾說的「蔞蒿滿地蘆芽短」的蘆芽。四月中下旬吃蘆筍和櫻桃，這個風俗一直保持到清末，咸豐年間還有此說：「四月中蘆筍與櫻桃同食，最為甘美」。

蒜苔炒雞雜 / 068

蒜苔是大蒜青苗中抽出的花葶，有的地方也叫蒜毫。江南有的地方也叫蒜苗，而江南人說的這個蒜苗極易與真正的青蒜（或蒜苗）搞混，當江南人把蒜苔叫蒜苗的時候，蒜苗自動降級成了大蒜，而大蒜則被呼作大蒜頭。

茴香千層餅 / 070

茴香指的是茴香的新鮮莖葉，不是成熟乾燥的小茴香子。新鮮茴香有濃郁的茴香味，和小茴香功用一樣，可辟肉味魚腥，因此茴香常和肉類配搭，茴香餡的餃子、餡餅是常見的食法。

小滿

金鈎紅湯鮮一味

海米莧菜湯

20分鐘　簡單

主料

莧菜 250 克
大蝦米 20 克

輔料

蒜 2 瓣　　鹽 1 湯匙
油 1 湯匙　　料酒 1 湯匙

烹飪要訣

曬乾的海蝦仁形狀彎曲，又叫金鈎。用料酒浸泡，可激發蝦米的香味和鮮味，泡過的酒可放進湯一同烹煮。

特色

端午節吃莧菜是應時應節的菜式，一般多為蒜蓉清炒。莧菜含水量大，清炒易出湯，莧菜吃完，湯多半倒掉，如做成湯菜，別有一番滋味。

1

2

3

4

做法

1. 莧菜摘取嫩尖，洗淨瀝乾。
2. 大蝦米用料酒浸泡 10 分鐘，蒜去皮、拍碎。
3. 炒鍋燒熱油，放蒜末、大蝦米爆香。
4. 放莧菜炒軟，加 200 毫升清水煮開，加鹽調味即可。

營養貼士

莧菜富含花青素，花青素溶於水，這是莧菜炒後變紅的原因。花青素有抗氧化的功效，可延緩衰老。莧菜高鉀低鈉，是優質蔬菜。

蔥㸆鯽魚

主料

鯽魚 2 條　　細香蔥 100 克

輔料

油 2 湯匙　　醬油 2 湯匙
生抽 1 湯匙　　米醋 50 湯匙
料酒 100 克　　糖 2 湯匙
薑 1 小塊

烹飪要訣

- 此菜在製作過程中不可加水，只用調味料本身的水分，小火慢煮，收汁入味。
- 此菜涼吃更有味道，可做冷盤或下酒菜。

特色

鯽魚多刺，人所共知，有人不擅理刺，遂捨魚不食。然遇蔥㸆鯽魚，肌間刺盡數在醋和時間的化骨綿掌下酥軟不覺，不免多來兩條。

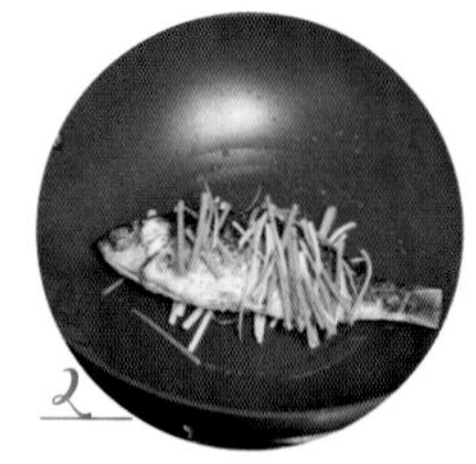

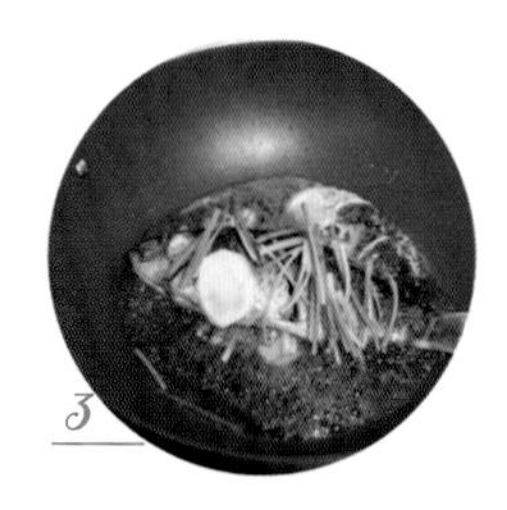

做法

1. 魚洗剖乾淨，剪去魚鰭和魚尾，抹乾水分，在魚背肉厚處斜切兩刀。薑切片；蔥摘去黃葉，洗淨，切成兩段。炒鍋燒熱油，放魚煎至兩面金黃。
2. 取薑片和半份蔥段墊在鍋底，煎過的魚放在蔥上，鋪上 1/4 蔥段。
3. 鍋中倒入醬油、料酒、糖，加蓋燜 1 小時以上，再將煮爛的蔥段取出。
4. 最後加入生抽、米醋，大火收汁至濃稠，再撒入剩餘蔥段即可。

營養貼士

鯽魚的蛋白質、鈣、磷的含量均高，價廉物美。鯽魚還富含不飽和脂肪酸，易於消化吸收，是體弱者補充蛋白質的良好食物來源。

蒜苔炒雞雜

50分鐘　中等

特色

川菜配料獨具一格，尋常食材尤其是腥味較濃的雜碎、內臟等，有了泡薑、泡海椒、豆瓣的助功，滋味之妙，所向披靡。

主料

蒜苔 100 克
雞雜 1 副：雞膶、雞心、雞胗約 150 克

輔料

泡紅辣椒 5 隻　　泡野山椒 3 隻
泡子薑 1 小塊　　蒜 2 瓣
料酒 2 湯匙　　鹽 1 茶匙
胡椒粉少許　　澱粉 2 茶匙
油 2 湯匙　　生抽 1 茶匙
醋半茶匙

烹飪要訣

- 泡椒、泡子薑都有鹹味，一副雞雜分量較少，調味料可適當少放，以免過鹹。
- 也可泡軟粉絲，剪成段後同炒。

1

2

3

4

5

6

做法

1. 雞雜洗淨，去掉雞油和血塊；雞膶切薄片；雞心用滾刀法，把雞心先片成長而薄的條，再切成兩段；雞胗切成三四塊，打上十字花刀。
2. 把雞雜放在小碗，加鹽、料酒 1 湯匙、澱粉 1 茶匙、少許胡椒粉拌勻，拌入油 1 茶匙。
3. 蒜苔摘去老梗，洗淨，切段。泡椒斜刀切成小段；泡子薑切片；蒜去皮、切片。
4. 取一小碗，放入生抽 1 茶匙、少許胡椒粉、醋半茶匙、料酒 1 湯匙、澱粉 1 茶匙調成汁。
5. 炒鍋燒熱油，放雞雜炒散，下泡淑段、薑片、蒜片炒香。
6. 放入蒜苔炒勻，待蒜苔剛熟，倒入汁料炒勻。

營養貼士

蒜苔中所含的大蒜素可以抑制金黃色葡萄球菌、鏈球菌、痢疾桿菌、大腸桿菌、霍亂弧菌等細菌的生長繁殖。大蒜能殺菌，這一特性早已深入人心。

小滿

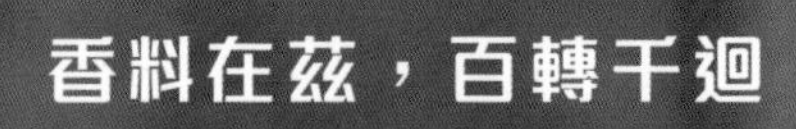

香料在茲，百轉千迴

茴香千層餅

60分鐘　高等

特色

古人發現在肉類食物烹調時加入茴香後，肉香味更濃，因能回香也，故曰茴香。茴香和肉是絕配。

主料

新鮮茴香苗 300 克　豬肉碎 200 克
中筋麵粉 400 克

輔料

薑 1 小塊　鹽 1 茶匙
醬油 1 湯匙　料酒 2 湯匙
油適量

烹飪要訣

- 麵糰不必多揉，多揉出筋，麵皮發硬。
- 茴香苗較乾，做煎餅餡料不易出水；豬肉碎可選肥肉較多的，吃起來更加油潤。
- 如不喜歡茴香的味道，可換成韭菜等含水量少的蔬菜。

做法

1. 400 克麵粉加 200 毫升清水和成柔軟的麵糰，蓋上乾淨濕布，醒 20 分鐘。
2. 薑去皮，切成末，加 2 湯匙清水泡 5 分鐘。泡薑的汁放在豬肉碎，加料酒、鹽、醬油拌勻。
3. 茴香摘取嫩尖，洗淨，切碎，拌入肉餡中。
4. 桌上撒上乾麵粉，把醒好的麵糰再次揉勻，分成 4 個小麵糰。
5. 取一個麵糰擀開成面餅，放 1/4 餡料在上面，攤開成 3/4 的圓形。
6. 用刀在餡料下方的餅上切一刀，拉起沒有餡料的 1/4 的餅皮，蓋在餡上。
7. 折疊兩次，成為一個 1/4 扇形的餅，捏合餅邊。依次做完 4 個餅。
8. 平底鍋抹上少許油，放進餡餅，小火兩面煎黃，加清水 1 杯，加蓋焗熟。揭開蓋子，中火烘至餅皮焦脆，兩面金黃即可。

營養貼士

茴香可以殺菌抑菌，是有效的防腐劑，在處理肉類、魚類的過程中加入茴香可抵禦腐敗菌滋生。

芒種看今日，
螳螂應節生。
彤雲高下影，
鴳鳥往來聲。
淥沼蓮花放，
炎風暑雨情。
相逢問蠶麥，
幸得稱人情。

芒種養生

北方乾熱，江南梅雨、南方回南天，空氣濕度大，易生黴菌。濕熱的地方，可添置抽濕機。乾熱的地方，適當多喝水。

此時長江中下游地區先後進入梅雨季節，梅子黃熟，杏子甜爛，楊梅黑紫，桑葚甜爛。

楊梅摘下極易腐爛，一時吃不完，可以泡酒。楊梅酒顏色殷紅，十分美麗。關於楊梅酒，民間說法夏天時飲可以治腹瀉。

美食薦新

冰爽藕芽 / 074

藕芽

藕芽即藕帶，藕帶是蓮鞭的生長芽，蓮鞭是藕的生長根，先出蓮鞭，再長藕。蓮鞭節間向下生根，向上長出荷葉。藕帶纖維少水分多，清甜脆生，比藕的口感好。

蒜蓉小白菜 / 075

小白菜

小白菜也叫青菜，即北方的油白菜，南方把幼嫩時植株嫩葉叫雞毛菜，採摘時只割下葉片，形似雞毛而得名。在蔬菜大棚的種植條件下，小白菜一年四季均有上市。芒種節氣氣溫升高，小白菜可露天栽種，最是鮮嫩美味。

一候螳螂生

暑氣漸近，螳螂孵化出生。螳螂有兩枚上舉的鐮刀狀的前臂，又稱刀螂。一名天馬，形容它飛捷如馬。

二候鵙始鳴

是伯勞鳥，以捕食昆蟲、青蛙、鼠類和小型鳥類為食，喜熱。

三候反舌無聲

反舌又名百舌，正名烏鶇。百舌舌巧，善學各種鳥叫，從三月鳴至五月。芒種節氣天氣已熱，百舌怕熱，停止了鳴叫。

每年公曆 6 月 6 日左右交芒種，芒是指小麥等有芒針的農作物成熟，種是指稻穀類作物間行，因此又諧音「忙種」，農忙時節，田間忙收麥子、忙種稻穀。

芒種文化和習俗

芒種之後，長江中下游進入長達一個多月的梅雨季節。

梅是薔薇科梅花的果子，梅子從青澀到黃熟，這一段時間，整個江南都處於煙雨濛濛之中，因此又叫「黃梅天」、「黃梅時節家家雨」，說的便是梅雨季節。

五月初一至初十，過去城隍廟起街市，最是熱鬧。到了五月十三日，傳說是關羽過長江會吳國君臣，單刀赴會的日子，簡稱「過會」。這一天有各行業人扮成各路好漢雜耍行街逛市，展示技藝。雜耍如開路、中幡、杠箱、官兒、五虎棍、跨鼓、花鈸、高蹺、秧歌、雜不閒、耍罈子、耍獅子等，為武聖壯行。

粟米筍炒蘆筍 / 076

粟米筍

粟米筍是甜粟米去掉苞葉及發絲的嫩果穗，因形色均似嫩筍而得名。粟米筍吃的是子粒尚未隆起的幼嫩果穗，不像甜粟米只食嫩子不食果穗。

清蒸鯿魚 / 078

鯿魚

蘇軾有詩《鯿魚》:「曉日照江水，游魚似玉瓶。誰言解縮項，貪餌每遭烹。」這是首見鯿魚之名，詩裏的「縮項」，是形容魚頭和魚肩之間有個凹陷，這便是正名「團頭魴」的由來，近幾十年，中南地區以武昌魚名之，江南仍喚鯿魚。

芒種

迷你小藕玉玲瓏

冰爽藕芽

20 分鐘　簡單

主料

藕芽 200 克　　青檸 1 個

輔料

鹽 1 茶匙　　白醋 1 茶匙
糖 1 茶匙

烹飪要訣

- 喜歡辣味的可放一兩個紅辣椒同醃。
- 超市或網上有泡好的酸辣藕芽出售。
- 也可用細嫩的新藕代替。

特色

宋朝的《嘉泰會稽誌》上有記載：「越人謂六七月間，藕最佳，謂之花下藕。其梢纖細者，可和芥為菹，甚美。」、「其梢纖細者」即現在説的藕帶，是藕鞭的生長芽，清甜脆嫩。

1

2

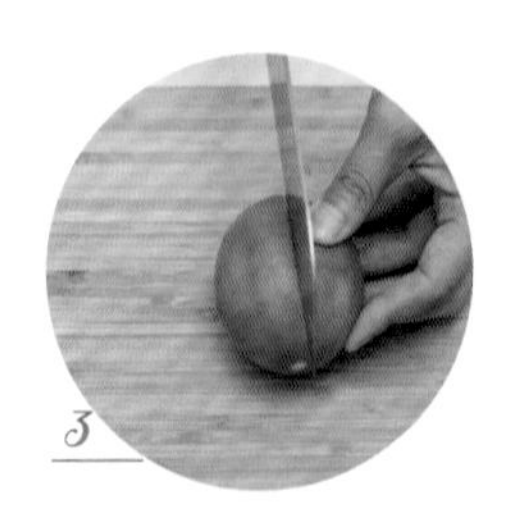
3

4

做法

1. 藕芽洗淨泥污，刨去皮，切成段。
2. 放在大碗或玻璃瓶裏，放鹽、白醋、糖，加純淨水蓋過藕面。
3. 青檸切開放瓶內，冷藏 3 小時以上。
4. 吃時取出，放入碟，以青檸或薄荷葉點綴。

營養貼士

藕芽含礦物質元素鐵和鉀，鐵有益於紅細胞的產生，可預防缺鐵性貧血。藕芽還富含黏液蛋白和膳食纖維，有助於清理腸道。

主料

小白菜 400 克

輔料

生薑 5 克	蒜頭 1 個
乾辣椒 3 隻	香葱 2 棵
澱粉 2 湯匙	白胡椒粉少許
雞精半茶匙	鹽 1 茶匙
油適量	

烹飪要訣

一整個蒜頭剝皮難免比較費勁，可將蒜瓣分別掰下，用刀背將其壓扁，就能輕鬆撕去蒜皮了。

特色

蒜蓉絕對是為各式葉菜而生，只要是炒製葉菜，加入些許蒜蓉，那味道絕對和沒加蒜蓉有天壤之別。蒜蓉將小白菜的香甜襯托得更加完美。

芒種

這片菜葉不容小覷

蒜蓉小白菜

6 分鐘　簡單

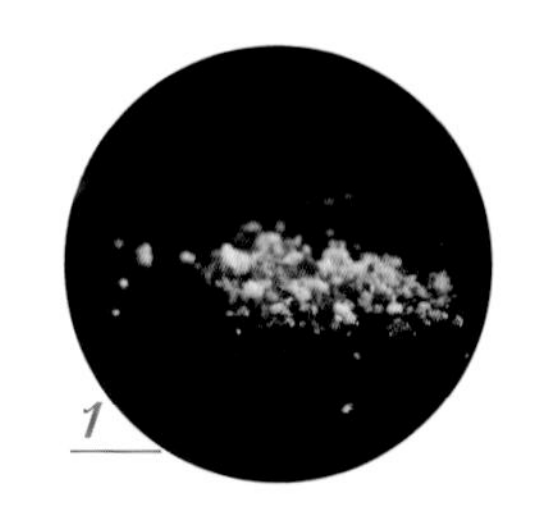
1

2

3

做法

1. 小白菜一片片摘好，反復洗淨泥沙，瀝水待用。
2. 生薑、蒜頭去皮，洗淨，分別切薑末、蒜末；乾辣椒洗淨，剪碎段。香葱洗淨，切葱粒；澱粉加適量清水調開成水澱粉待用。
3. 炒鍋內倒入適量油，燒至七成熱，放入薑末、蒜末、乾辣椒段爆香。圖 1
4. 然後放入洗淨的小白菜，大火快炒至小白菜剛熟。圖 2
5. 倒入調好的水澱粉，翻炒均勻，勾薄芡。調入白胡椒粉、雞精、鹽，翻炒均勻調味。上碟前撒入葱粒，翻炒均勻即可。圖 3

雙筍奇緣

粟米筍炒蘆筍

50 分鐘　簡單

特色

有的食物不是筍，但因形狀如筍，也有筍之名，如粟米筍、蘆筍、萵筍、茭筍等。粟米筍顏色金黃，蘆筍翠綠，恰是絕配。

主料

栗米筍 50 克　蘆筍 50 克　紅蘿蔔 1 個
腐竹 20 克　冬菇 5 朵　木耳 10 克
金針菜 10 克　銀杏 10 粒　烤麩 50 克

輔料

油 3 湯匙　鹽 1 湯匙　料酒 1 湯匙
生抽 1 湯匙　蠔油 1 湯匙　澱粉 1 茶匙
麻油 1 茶匙

烹飪要訣

- 食材可隨意替換，但不適用綠葉蔬菜。
- 烤麩即麵筋加食用鹼蒸過的發麵筋。

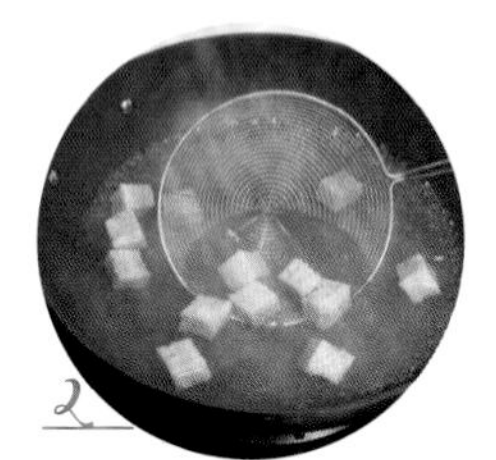

做法

1. 冬菇、木耳、金針菜用溫水泡發，摘去老根，洗掉泥沙，瀝乾；泡冬菇的水瀝清備用。
2. 腐竹洗淨，用溫水泡發，切長段；烤麩切成 2 厘米方塊。
3. 栗米筍對剖切開；蘆筍削去後半部老皮，斜切成一寸半長段；紅蘿蔔去皮，切成滾刀塊。
4. 煮一鍋開水，放栗米筍、蘆筍、紅蘿蔔、銀杏灼燙片刻，撈出過涼。圖 1
5. 腐竹、烤麩分別灼水，瀝乾。圖 2
6. 炒鍋燒熱油，放烤麩煎黃，放入所有主料炒勻。圖 3
7. 放料酒、生抽、鹽、蠔油、冬菇水煮開，轉小火，加蓋燜 5 分鐘。澱粉加 2 湯匙清水調開，慢慢倒入鍋中，大火收乾湯汁，淋入麻油增香即可。圖 4

營養貼士

栗米筍是栗米的嫩果穗，其中的植物蛋白含量尤其豐富，營養價值遠超成熟乾燥的栗米粒。栗米筍富含維他命 B_2，對長期用電腦的人來說，及時補充維他命 B_2 可緩解眼疲勞。

芒種

從傳說到傳奇

清蒸鯿魚

30 分鐘　簡單

特色

從三國時吳國百姓的「寧飲建業水，不食武昌魚」，到 20 世紀 60 年代的「才飲長江水，又食武昌魚」，武昌魚，已經從魚類的泛指變成了鯿魚的美名。而追求魚的新鮮程度最佳就是清蒸了。

主料

鯿魚 1 條（約 500 克）

輔料

薑 1 小塊	葱 3 棵
蒜 2 瓣	鹽 2 茶匙
料酒 1 湯匙	胡椒粉少許
花椒 10 粒	蒸魚豉油 1 湯匙
油 1 湯匙	

烹飪要訣

- 魚腹內黑膜和牙齒極腥，去除為佳。
- 醃 5 分鐘可令魚肉更入味，不醃也可。
- 蒸魚時積在盤中的蒸氣並無多少營養，倒掉更清爽。

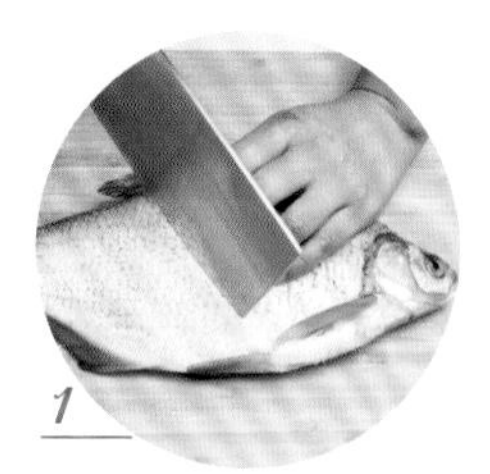

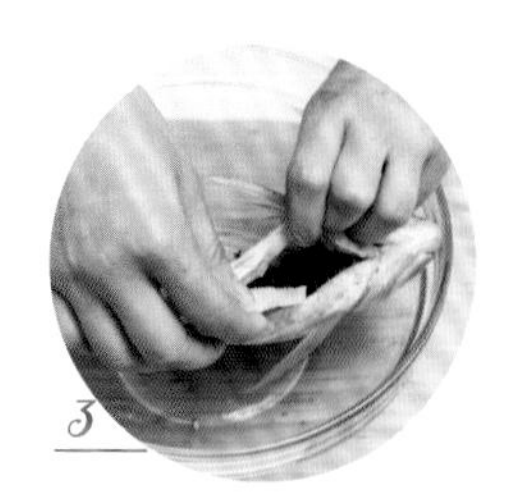

做法

1. 鯿魚洗剖乾淨，挖去肚腸、魚鰓和牙齒，撕去腹內部的黑膜。
2. 在一邊魚身斜切兩三刀，另一邊平貼脊骨順長切一刀。圖 1
3. 在魚身兩邊和腹內均勻揉上鹽和花椒粒，撒上胡椒粉，淋上料酒。圖 2
4. 薑切片，取幾片放在魚腹內，上下各放幾片，醃 5 分鐘。圖 3
5. 蒸籠水大火燒開，將魚放入籠內，加蓋，大火蒸 10 分鐘至熟。圖 4
6. 蒜去皮、剁碎；葱去老葉，洗淨，切段。
7. 倒掉盤內蒸氣水，揀去薑片、花椒粒，撒上蒜末、葱段。燒熱油，淋在葱蒜上，澆上蒸魚豉油即可。圖 5

營養貼士

鯿魚的維他命 D 含量高於其他淡水魚。嚴重缺乏維他命 D 時可能會誘發佝僂病。因蔬菜中幾乎不含維他命 D，人體必須從動物性食物中獲取。

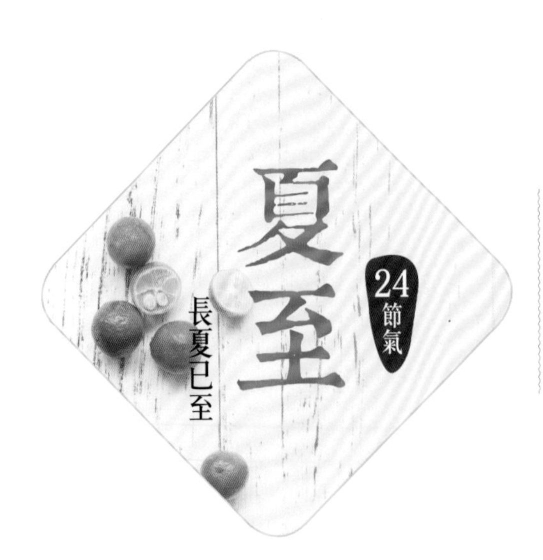

處處聞蟬響，
須知五月中。
龍潛淥水穴，
火助太陽宮。
過雨頻飛電，
行雲屢帶虹。
蕤賓移去後，
二氣各西東。

夏天真正到來，儘量避免午間外出，出汗後及時補水，補充電解質，多吃水果蔬菜。

此時，哈密瓜、蜜瓜、西瓜上市，水蜜桃上市，南方水果之王荔枝登場，日啖荔枝三百顆，不辭長做炎夏客。

美食薦新

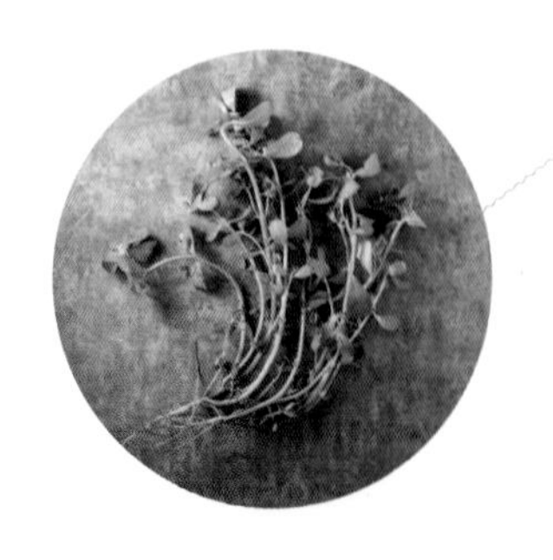

馬齒莧

馬齒莧又名五行草，以其葉青、莖赤、花黃、根白、子黑擬五行。明《酌中誌》載：「夏至伏日，吃長命菜，即馬齒莧也。」馬齒莧得名，是因為葉子像馬齒，上端平圓，下端銳尖。

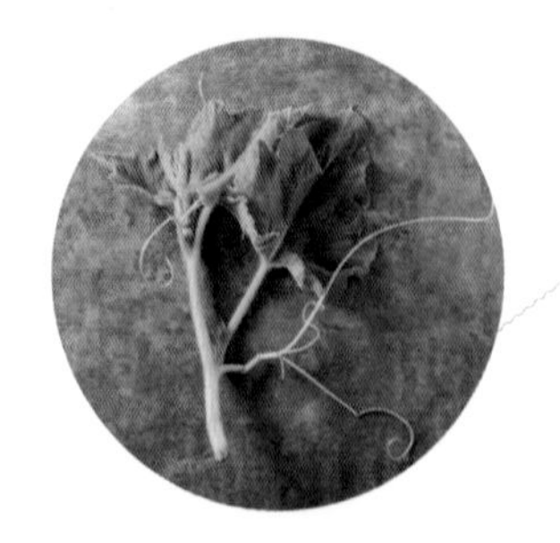

南瓜苗

南瓜苗即南瓜藤蔓的嫩尖，包括絲瓜尖、紅薯尖等瓜藤都算深綠色的嫩莖葉類蔬菜，整體營養價值均高，並且顏色越是深綠，營養素含量越高。

一候鹿角解

炎熱的夏天真正到來，鹿角脱落。鹿是山獸，古人認為山獸陽性，兼鹿角向前，能先感覺到暑氣已到。

二候蜩始鳴

蜩是蟬的古稱，音凋。夏至時，蟬從泥土中爬上枝頭，長鳴不已，宣告酷暑來日方長。

三候半夏生

半夏是天南星科的宿根植物，有地下塊莖，秋天地面部分枯死，第二年夏至時新葉長出地面，故名半夏。

夏至是較早被確定的一個節氣，公元前七世紀，古人測算日影，確定了夏至，為每年公曆6月21日前後交節。夏至這天，太陽運行至黃經90度，到達夏至點，太陽直射北回歸線，北半球白天最長，真正酷熱的夏天來臨了。

夏至文化和習俗

夏至在古時是很重要的一個標誌性節氣，與冬至時皇帝要去南郊祭天對應，夏天時皇帝要去北郊祭地。這兩祭，就稱「郊祭」。

立夏時，明清宮中都會賜扇子給百官和宮眷，《紅樓夢》寫五月初一，元妃賜出端午賀禮，每個人都有上等宮扇兩柄。到了夏至，扇子就不離手了。

古書上還有記載，説織女星旁邊有一顆小星星，名「始影」，女性在夏至這天的夜裏等始影星出來，朝它祭拜，可使容顏秀麗。

粟米濃湯 / 084

粟米

粟米是世界三大糧食作物之一，原產南美洲，遠古時就是當地印第安人的食物，為此他們創造了粟米神，可以説，是粟米催生了印加文化。粟米傳入中國，因產量高，很快就遍植各地。

紅燒鯧魚 / 085

鯧魚

鯧魚正名銀鯧，上海人稱之為鯧鯿魚。鯧魚產卵季在夏天，這時會從西太平洋海域游至近海沿岸，捕撈相對容易，因此夏天是吃鯧魚的季節。鯧魚除了腹部的長刺就是一根脊骨，刺少肉多，鮮美味鮮。古人説鯧魚「尾如燕剪，骨軟肉白，味美於諸魚」，是很高的評價。

夏至

野菜當家

馬齒莧煎餅

40 分鐘　簡單

主料

馬齒莧 250 克　　雞蛋 2 個
中筋麵粉 250 克

輔料

油少許　　鹽 1 茶匙
花椒粉少許

烹飪要訣

麵糊如果稍乾，可再加 1 個雞蛋或少許清水、牛奶都行。

特色

新鮮的馬齒莧水灼之後含黏液，味道略酸，有人不喜。而用來和麵烙餅，就完美地解決了這兩個問題，皆大歡喜。

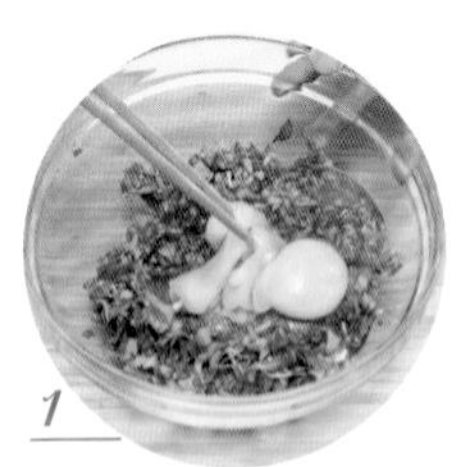

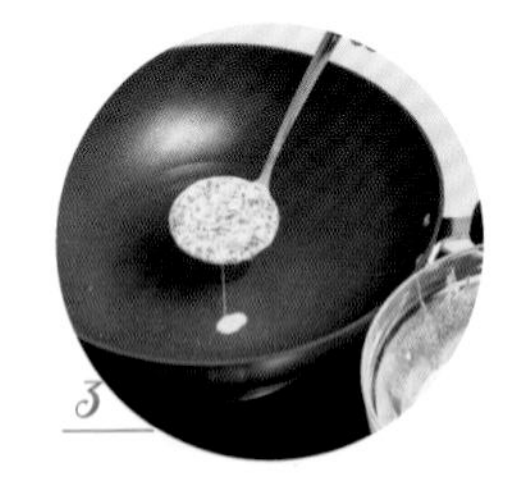

做法

1. 馬齒莧摘取嫩頭，洗淨，切成 1 厘米左右小段。
2. 馬齒莧放入一個大碗中，加入 2 個雞蛋，攪拌均勻。圖 1
3. 加入麵粉拌勻，放鹽、花椒粉調味，攪成半流質狀的麵糊。圖 2
4. 平底鍋抹少許油燒熱，舀進 1 大勺麵糊，攤平，小火兩面煎，捲起，切段，伴蒜泥食用。圖 3

營養貼士

馬齒莧含有奧米加 3 脂肪酸，這種脂肪酸可軟化血管壁，有預防心血管疾病的作用。

主料

南瓜苗 250 克

輔料

蒜 2 瓣
芝麻醬 1 湯匙
生抽 1 湯匙
糖 1 茶匙
麻油 1 湯匙

烹飪要訣

調味料可按各人喜好自由搭配。

特色

南瓜苗、紅薯葉此類表面有茸毛、質地較粗糙的藤葉，一向因口感不好被棄之於菜籃之外，化為肥料與飼料，但卻是真正的綠色食品。

夏至

粗菜細吃

蒜泥麻醬拌瓜苗

20 分鐘　簡單

做法

1. 南瓜苗摘取嫩尖，剝去老梗上的皮，切成長段。
2. 南瓜苗灼燙，撈出，放入冰水過涼。
3. 蒜去皮，壓成泥，加 2 湯匙清水調成蒜泥醬；芝麻醬加麻油調開。
4. 蒜泥、芝麻醬、生抽、糖、麻油拌勻，倒在瓜苗上拌勻即可。

營養貼士

南瓜苗是南瓜嫩葉和藤的統稱，在過去食物匱乏的年代是救饑的食物，如今則是一種頗受歡迎的健康食材。瓜苗所含的營養素包括維他命 A、維他命 C、B 族維他命以及膳食纖維，可滿足人體多種營養需要。

主料

新鮮粟米 1 枝　黃皮洋葱半個
番茜少許

輔料

牛油 1 小塊（約 5 克）
鮮忌廉 5 湯匙　牛奶 120 毫升
橄欖油 1 湯匙　鹽 1 茶匙

烹飪要訣

- 選用甜糯粟米，味道更好。
- 黃皮洋葱味甜，不如紫皮洋葱辣味刺激，煮湯味道更柔和。
- 沒有番茜，可用甜羅勒或別的香草代替。

做法

1. 新鮮粟米剝去苞片，去掉粟米鬚，洗淨，順粟米芯切下粟米粒。洋葱去掉外皮，切成碎丁；番茜洗淨，切成碎末。
2. 留 1 湯匙粟米粒備用，其餘粟米粒放在攪拌器，加鮮忌廉、牛奶打成粟米濃漿。
3. 平底鍋放橄欖油加熱，炒香洋葱末，放粟米粒炒匀，加 50 毫升清水煮開。倒入粟米濃漿，加牛油化開，放鹽調味，攪拌均匀。
4. 倒入碗內，淋少許鮮忌廉裝飾，撒上番茜碎即可。

特色

粟米富含粗纖維，但有的人消化不良，只好捨棄。此食譜用西餐的做法，可化粗糧為精緻美食。

主料

鯧魚 1 條（約 500 克）

輔料

油 2 湯匙	醬油 1 湯匙
糖 1 茶匙	料酒 1 湯匙
雞精 1 茶匙	鹽 1 茶匙
豬油 1 茶匙	澱粉 1 茶匙
薑 5 片	葱花少許

烹飪要訣

- 鯧魚肉厚，�花時可稍深稍密，煎皮稍老，燒熟後不易斷裂。
- 沒有豬油增亮，可淋入植物油，只是脂香味稍欠。

1

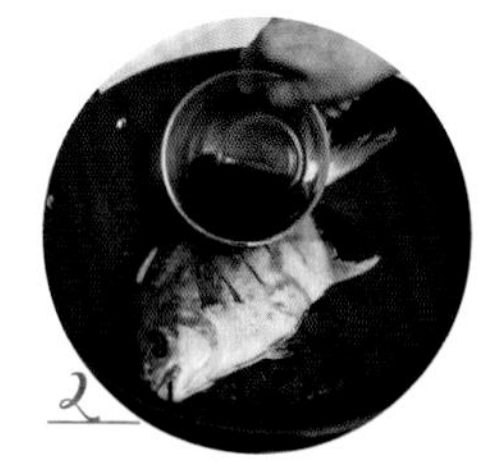
2

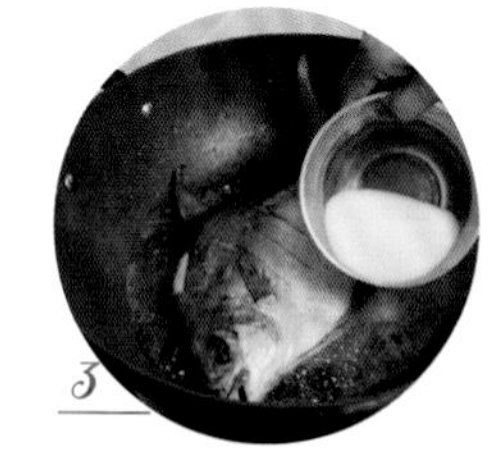
3

做法

1. 鯧魚洗剖乾淨，拭乾水分，在魚的兩面背腹上每間隔 1 厘米左右切平行刀紋或井字格紋。用少許醬油和料酒抹勻，醃 5 分鐘。
2. 炒鍋燒熱油，放鯧魚煎至兩面焦黃。放醬油、料酒、糖燒化，使魚上色。
3. 加水蓋過魚身，放薑片、鹽，加蓋燜至魚熟湯濃，放雞精調味。澱粉加少許清水調成水澱粉，慢慢倒入鍋中，勾成薄芡。放入豬油化開，增亮增香，最後撒上葱花即可。

特色

海魚出水即死，帶魚、黃魚、鯧魚等運到上海，總有些不新鮮，於是濃油赤醬或糖醋幾乎是鯧魚的歸宿，時間久了，成了海派菜的一道經典。

倏忽溫風至，
因循小暑來。
竹喧先覺雨，
山暗已聞雷。
户牖深青靄，
階庭長綠苔。
鷹鸇新習學，
蟋蟀莫相催。

伏有三伏，長達四十天，炎夏苦長，沒有胃口，為了有足夠體力抗熱熬夏，便有了伏日進補之說。北方是「頭伏餃子二伏面，三伏烙餅攤雞蛋」。溫州喝伏茶，用茶葉、金銀花、淡竹葉、夏枯草等熬製，放涼後喝。也置於路邊涼亭，施給路人避暑；淮北則是伏天吃伏羊；杭州是頭伏火腿二伏雞；上海是頭伏餛飩二伏茶。朝鮮韓國受中國影響，三伏也要進補，伏天吃人參雞湯。

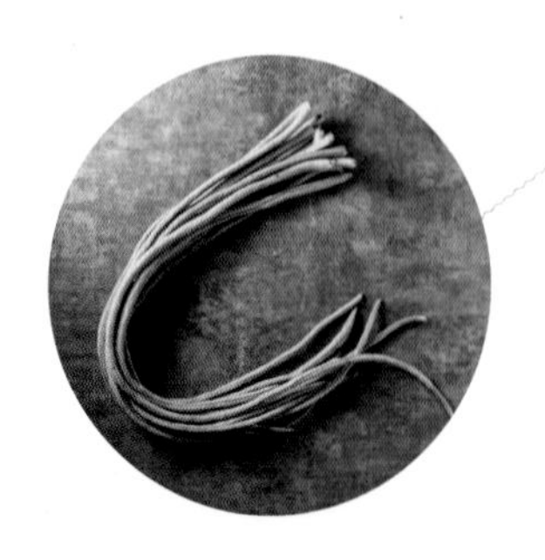

涼拌豆角 / 088

豆角是豇豆一類，長長的豆莢是日常食用的蔬菜。短豇豆則是眉豆。

青黃小瓜炒百合 / 089

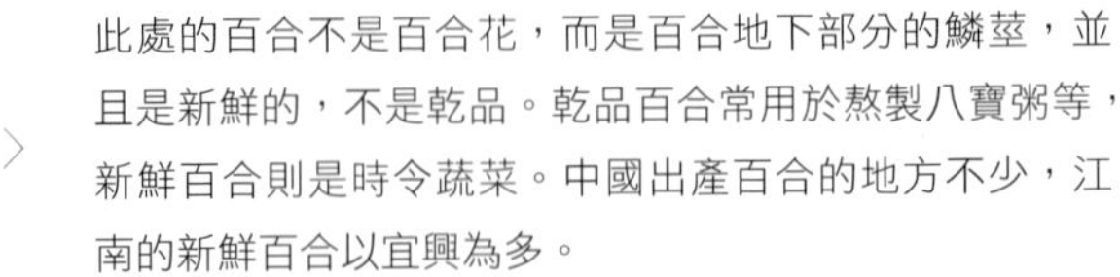

此處的百合不是百合花，而是百合地下部分的鱗莖，並且是新鮮的，不是乾品。乾品百合常用於熬製八寶粥等，新鮮百合則是時令蔬菜。中國出產百合的地方不少，江南的新鮮百合以宜興為多。

一候溫風至

小暑節氣已是公曆 7 月，一年之中最熱的季節來臨。從南方吹來的溫濕熱風襲裹身體，汗出不止。

二候蟋蟀居壁

此時蟋蟀初出雙翅，羽翼未成，尚不能遠飛，居於洞穴泥壁之上，等待時機。

三候鷹始摰

這一年新孵出的雛鷹到夏天時已經長為成鳥，展開雙翅，搏擊長空，練習捕食。

每年公曆 7 月 7 日左右，節交小暑，此時盤桓在長江中下游長達 20 天的梅雨雲帶北抬至黃淮，纏綿溫柔的梅雨雨季結束，夏至後第一個庚日入伏，最熱的三伏天開始，來自西太平洋的副熱帶高壓氣流降臨長江沿線，火傘高張，熱浪滾滾，人體普遍感覺熱氣難耐。

小暑文化和習俗

六月六也稱「曬伏」，這一天要把冬天的毛衣皮衣棉衣和春秋天的夾衣都要取出來曬，防止棉蟲蛀壞衣服。除了曬衣，還要曬書，拍打書籍，抖落蠹魚，即使皇宮也不例外。《明宮史》中說：「六月初六日，皇史宬古今通集庫曬晾」。

油醋青瓜卷 / 090

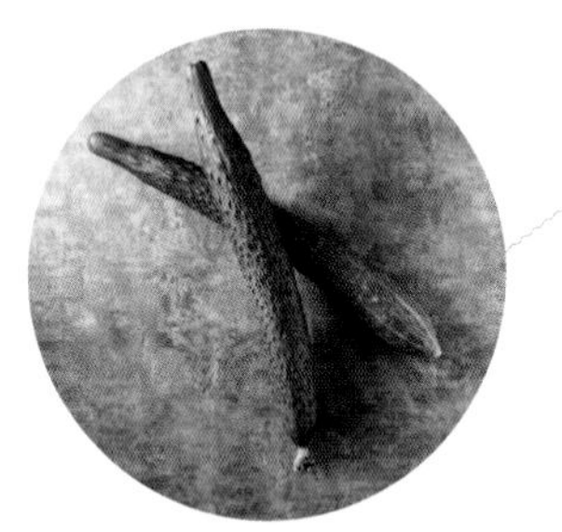

青瓜名黃，卻是綠色的，這是因為常吃的青瓜是沒有成熟的，青綠的青瓜在成熟的過程中綠色會逐漸分解，變成黃色。成熟的青瓜用來燉湯別有風味，青綠的青瓜用來生食或涼拌。

冬瓜盅 / 091

冬瓜又名東瓜、白瓜，因成熟的時候瓜皮上會佈滿一層白色粉末，遠看像落上雪或霜，便以冬字命名。冬瓜原產亞洲南部，是葫蘆科冬瓜屬的唯一一個種。

南風肉鮮藕蒸鱔段 / 092

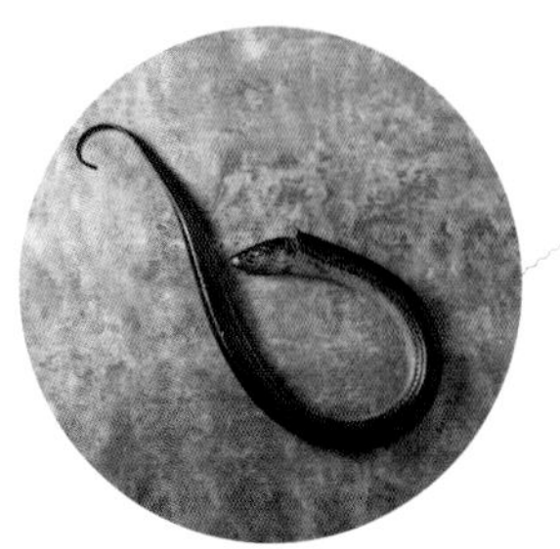

「小暑黃鱔賽人參」，黃鱔生活在水底，偏肉食性，以水中的微小生物、昆蟲幼蟲、蚯蚓、小型兩棲類和小魚小蝦等為食，昆蟲幼蟲和小魚小蝦需水溫較高後才繁殖，冬季食物來源少，黃鱔瘦，到小暑就養得很壯了，以這個時候的黃鱔最是肥美。

涼拌豆角

20 分鐘　簡單

主料

豆角 250 克

輔料

剁椒 1 湯匙　　生抽 1 湯匙
油 1 湯匙

烹飪要訣

- 剁椒有足夠鹹味，不用再放鹽了。
- 可以換成自己喜歡的材料。

特色

豆角灼水過後馬上浸冰水，保持色澤翠綠；用剁椒拌豆角，紅綠相襯，顏色好看。沿豆的中間切開更易入味，也有變化。

做法

1. 豆角摘洗乾淨，切為兩截或三截，在長邊的豆中間切開。
2. 煮一鍋開水，放豆角煮熟，撈出浸在冰水裏。
3. 徹底冷卻後撈出，上碟，淋生抽，放剁椒。
4. 燒熱 1 湯匙油，淋在剁椒上。

營養貼士

夏天是吃豆角的季節，做法隨意多變，清炒、涼拌、焖燒，或者醃成酸豆角。豆角含有豐富的維他命 C 和葉酸，能促進抗體的合成，提高人體免疫力。

主料

鮮百合 1 個　　青瓜 1 個
南瓜 1 塊（約 100 克）

輔料

油 1 湯匙　　鹽 1 茶匙
澱粉 1 茶匙　　鮮醬油幾滴

烹飪要訣

青瓜即無刺小青瓜，切開來沒有子，瓜心硬，含水量較低，炒菜更宜。

特色

南瓜甜、青瓜香、百合清苦，三樣共冶一爐，就化為夏日清爽的一餐。

青黃小瓜炒百合

30 分鐘　簡單

1

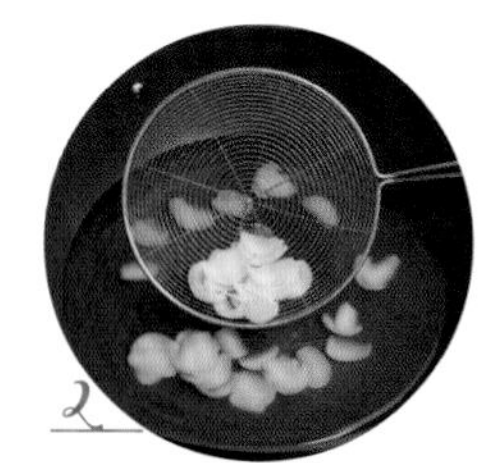
2

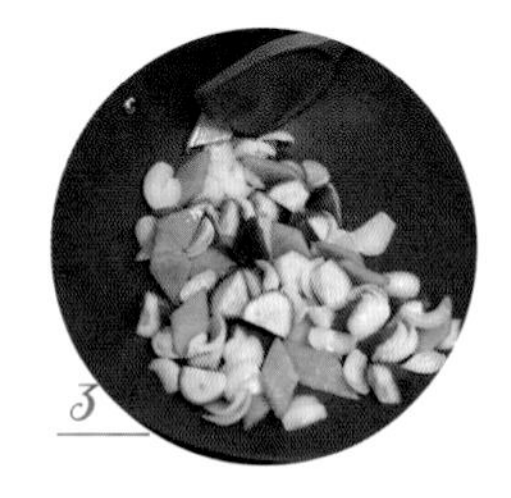
3

做法

1. 百合剝去外層帶黑斑的老瓣，洗淨泥沙，一瓣瓣剝開。圖 1
2. 青瓜帶皮切成小的滾刀塊；南瓜去皮、去瓤，切成稍厚的菱形片。
3. 煮一鍋水，放百合灼燙，撈出過涼，瀝乾備用。圖 2
4. 炒鍋燒熱油，放南瓜片煎至兩面略黃。下青瓜和百合炒勻，加鹽調味。澱粉加少許水調成水澱粉，慢慢倒入鍋中，最後灑上幾滴鮮醬油即可。圖 3

營養貼士

百合清苦的味道來自其所含的百合苷和生物鹼，百合苷可安神，生物鹼可殺菌。

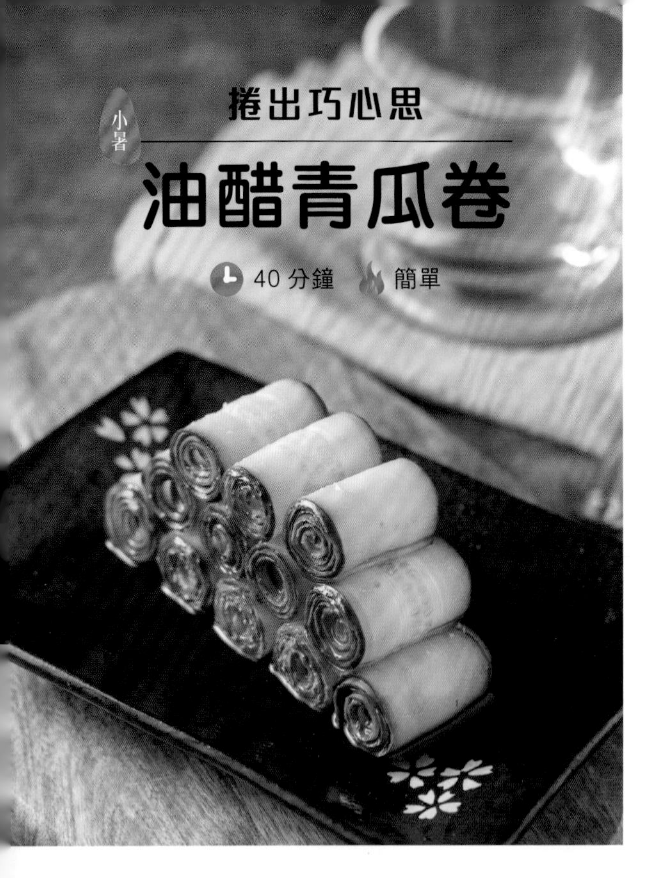

小暑

捲出巧心思

油醋青瓜卷

40 分鐘　簡單

主料

青瓜 2 個

輔料

生抽 2 湯匙　　蘋果醋 1 湯匙
橄欖油 2 湯匙　　糖 1 湯匙
芥末醬 1 湯匙

烹飪要訣

生抽可換成魚露；蘋果醋可換成米醋；芥末換成小米辣；橄欖油換成麻油。調味料可隨個人喜好更換。

特色

涼拌青瓜可以簡單到平刀一拍，撒鹽即可的地步，幾乎毫無難度，為了表示有新意，改拍為捲。

做法

1. 青瓜洗淨，用刨皮工具先刨去最上面一層外皮，再刨下長片兩邊帶皮的青瓜條。
2. 依次刨好所有青瓜條，將刨好的青瓜條捲成小卷。
3. 取一小碗，放生抽、蘋果醋、橄欖油、糖、芥末醬調勻，淋在青瓜卷上即可。

營養貼士

青瓜含維他命 C、大量的 B 族維他命和電解質，電解質在人體中起到維持體液滲透壓和水平衡的作用。值得注意的是，青瓜如果有苦味了就不要再吃，這是葫蘆素類生物鹼含量較高，食後易造成腹瀉。

主料

小型冬瓜 1 個　　熟豬肚 50 克
乾瑤柱 5 粒　　金華火腿 50 克
鹹筍尖 50 克　　雞腿肉 100 克
中等大小的新鮮蘑菇 10 個
雞湯或高湯適量

輔料

薑 1 小塊　　葱 3 棵
料酒 2 湯匙　　鹽少許

烹飪要訣

- 食材可按個人口味隨意更換，但所有食材需先處理，生的灼熟，乾的泡發。
- 火腿、鹹筍尖有鹹味，湯內不必再加鹽。
- 蘑菇熟後會縮水，挑中等大小的，不必切開，整個形狀更美觀。
- 挖瓜肉時注意不要弄破瓜皮，以免盅破湯流，造成燙傷。

小暑

化簡為繁

冬瓜盅

90 分鐘　高等

特色

冬瓜味淡，但質地疏鬆，正好可以吸收諸多鮮味食材的風味物質，滋味盡在瓜肉中。

1

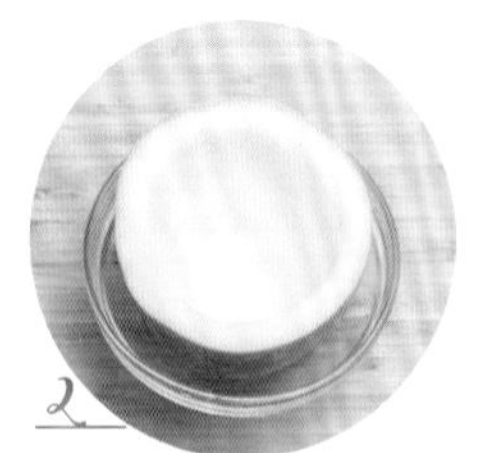
2

3

4

做法

1. 雞腿肉洗淨，切成丁，用鹽、料酒稍醃；瑤柱用料酒泡發。熟雞肚切成 1 厘米寬的條，火腿切稍厚的片。鹹筍尖撕開，切成小段；蘑菇洗淨，削去黑色的老根。薑拍破，葱打結。雞肉丁灼水，撈出；瑤柱蒸 5 分鐘取出，撕成細絲。
2. 冬瓜洗淨，豎放在大碗，削去上半部的瓜頭，下半部留用，挖出瓜瓤，掏空瓜膛，成為瓜盅。
3. 放入所有食材和薑塊、葱結，加雞湯或高湯至瓜盅沿 2 厘米處，放入蒸籠，蒸 60 分鐘以上，至瓜肉半透明。
4. 取出，揀去葱薑，嘗味，如果不鹹可加少許鹽。用長柄湯匙挖下瓜肉，與盅內食材攪勻，分盛在小湯碗。

小暑

鮮糯無比

南風肉鮮藕蒸鱔段

50 分鐘 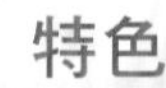 中等

特色

民諺有「小暑黃鱔賽人參」之説，小暑前的黃鱔是最肥美的階段，此時吃正當季。夏天出汗多，以南風鹹肉適當補充鹽分。

主料

黃鱔 500 克
五花南風肉 50 克
鮮藕 50~100 克
新鮮冬菇 1 朵

輔料

蒜頭 1 個
薑 1 小塊
葱花少許
醬油 1 湯匙
糖 1 茶匙
胡椒粉少許
鹽 1 茶匙
料酒 1 湯匙
油適量

烹飪要訣

- 黃鱔不必選太大的，中等偏小即可。
- 南風肉是介於火腿和鹹肉之間的一種醃製豬肉，為浙江金華、蘭溪特產，其特點是比火腿嫩、比鹹肉香、價格比火腿便宜，夏季燉冬瓜湯最宜。南貨店或醃臘食品店有售，或上網店選購。
- 燒鱔段時不必放足鹽，放醬油是為調色。此菜蓋上南風肉一起蒸，南風肉的味道被下面的鱔段和藕片吸收，鮮美肥腴。

1

2

3

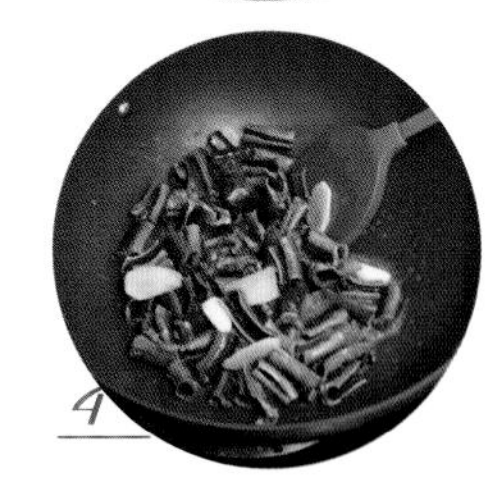

4

5

做法

1. 黃鱔宰殺放血，去頭、去肚腸，帶骨切成 1 寸半左右的段。圖 1
2. 薑切片，蒜去皮。南風肉切薄片。
3. 冬菇去蒂，菇面剞十字花刀。圖 2
4. 藕刨去外皮，切成薄片，泡水浸去多餘澱粉，排放在大碗內。圖 3
5. 炒鍋燒熱油，爆香薑片、蒜瓣，下鱔段炒勻。放料酒、胡椒粉、醬油、鹽、糖，加清水 200 毫升煮開，倒在藕片上。圖 4
6. 南風肉片整齊排放在鱔段上，加幾片薑，中心放一朵冬菇，蒸 20 分鐘以上，蒸至黃鱔酥爛脫骨，去掉薑片，撒上葱花即可。圖 5

營養貼士

黃鱔富含維他命 A。人體無法自己合成維他命 A，只能從食物中攝取。維他命 A 可增強視覺功能，常用電腦的人士可適當多吃黃鱔。

大暑三秋近，
林鐘九夏移。
桂輪開子夜，
螢火照空時。
菰果邀儒客，
菰蒲長墨池。
絳紗渾卷上，
經史待風吹。

美食薦新

大暑時最適宜的飲料是酸梅湯，用酸梅加冰糖熬煮，吃時再加玫瑰木樨冰水，涼透心脾。也有大麥茶，帶殼的大麥粒炒至焦香，加開水沖成茶飲，放涼喝，最是清涼宜人。四川人喝老蔭茶。老蔭茶不是茶，是采豹皮樟的樹葉曬乾，泡水代茶，清苦回甘，可去暑熱。

綠豆

綠豆和黃豆、毛豆不一樣。黃豆是油脂豆、蛋白豆；綠豆是澱粉豆，它的澱粉含量高達 61%。以綠豆為原料的食物便是利用了它豐富的澱粉質，如綠豆粉絲、綠豆涼粉、綠豆糕、綠豆冰棒等。

一候腐草為螢

先一年螢火蟲產卵草根，大暑之時，螢火蟲進入交配季節，夜間攜火燃燭聚於草間林下，致有腐草生螢之象。

二候土潤溽暑

空氣潮濕，土地溽暑，地氣蒸騰，濕熱難耐，空氣挾火，靜坐生汗。

三候大雨行時

地面氣熱，高空雲冷，冷熱交鋒，致有雷暴陣雨。或有颱風過境，帶來幾日清涼。

大暑的「大」，表示一年之中到了最熱的時候，炎氣逼人。此時方當公曆七月下旬，中伏前後，防暑降溫為第一要務。

大暑文化和習俗

大暑進入二伏，二伏也稱中伏，幾乎長達二十天，最是暑熱難耐，因氣候和出產不同，各有風俗，喝伏茶、曬伏薑、煮羊肉湯、吃過水麵、喝綠豆湯、薄荷茶等。

唐朝人大暑中伏愛吃冰吃冷食，皇宮頒出「清風飯」制度，命御廚做水晶飯、龍睛粉、龍腦末、牛酪漿，做好後放入金提缸，再放進冰池，等冷透後供皇帝食用。

翠玉瓜鍋貼 / 100

翠玉瓜原產北美洲南部，清中期從歐洲引入。翠玉瓜常被叫做小南瓜，這是一個誤會，翠玉瓜確實是南瓜屬，此屬有 3 種被廣泛栽培的作物：南瓜、翠玉瓜、筍瓜，它們的區別主要看果柄，翠玉瓜的果柄上有五條棱；南瓜的果蒂基部膨大變寬，像個圓盤；筍瓜則是圓柱形。翠玉瓜有一個品種在成熟之後果壁上的纖維會分離，煮熟後切開，用筷子攪動，會變成一絲一絲的，就叫魚翅瓜。

青椒午餐肉 / 102

辣椒原產美洲，明朝後期傳入中國，最早是作為觀賞植物，當時稱番椒，辣椒這個名字出現在清嘉慶年間，說明當時可能已經有人食用了，而西南地區飲食大量用到辣椒，要遲至清朝中後期。青椒、線椒、柿子椒、彩椒等都是一年生草本辣椒的栽培品種，野山椒、小米辣和朝天椒則是多年生灌木辣椒的不同品種。

大暑

夏日消暑第一品

綠豆四吃

50 分鐘　中等

特色

綠豆的抗熱解暑成分主要在綠豆皮中，綠豆皮含多酚類物質，抗氧化物質如單寧、類黃酮類等。

主料

綠豆 250 克　　牛奶 250 毫升
鮮忌廉 200 克　　甜酒釀 50 克
薯圓 100 克

輔料

魚膠片 1 片（或魚膠粉 10 克）
糖適量

烹飪要訣

綠豆用純淨水煮，或者加入半茶匙白醋、檸檬汁，可保持綠豆湯不變褐紅。可按個人口味添加糖漿、忌廉、龜苓膏、水果丁等。

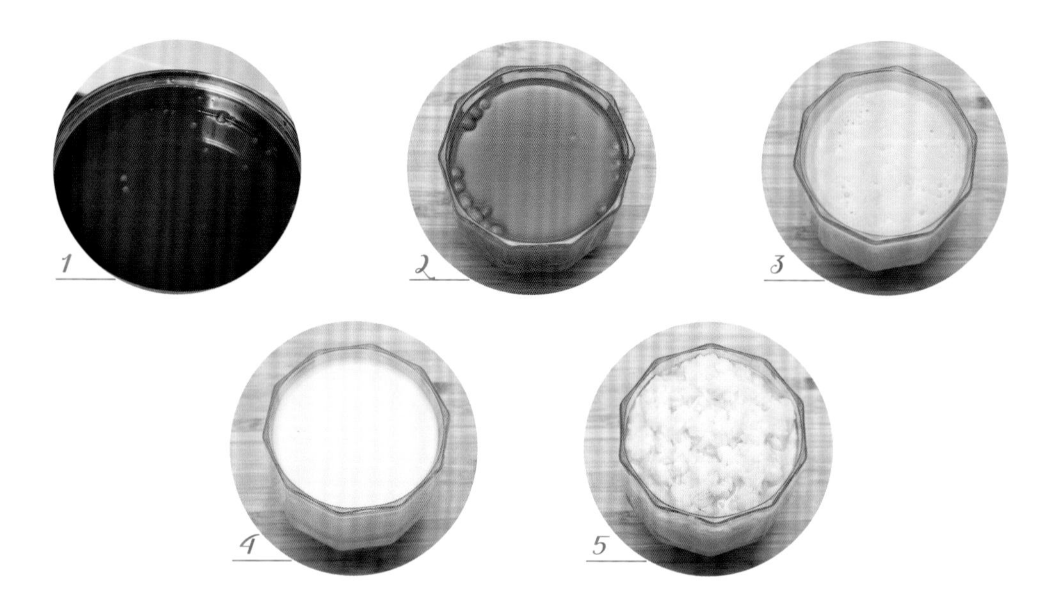

做法

1. 綠豆沖淨，加四五倍的清水放入電壓力鍋，選「煮粥」檔煮好。
2. **綠豆湯**：自然冷卻後倒出綠豆湯，放入冰箱冷藏，隨個人喜好加糖飲用。
3. **綠豆沙奶昔**：取適量綠豆沙，加牛奶、50 克鮮忌廉、適量糖，放入攪拌器打成奶昔。
4. **綠豆沙慕司**：用清水浸泡魚膠片或魚膠粉，瀝乾後放入 200 毫升綠豆湯煮至溶化，冷卻後加入綠豆沙 100 克、糖 3 湯匙、鮮忌廉 150 克攪拌均勻，倒入玻璃杯，冷藏 3 小時以上。
5. **綠豆沙甜酒薯圓湯**：薯圓加 250 毫升清水煮至軟糯，冷卻後放冰箱冷藏，吃時加入甜酒釀和綠豆沙。

營養貼士

綠豆祛暑的功能來自綠豆皮，皮中富含鉀、鈉、鈣等多種礦物質，夏日多喝綠豆湯，可補充體液和隨着出汗而流失的礦物質，但去皮的綠豆就沒有這樣的功效了。

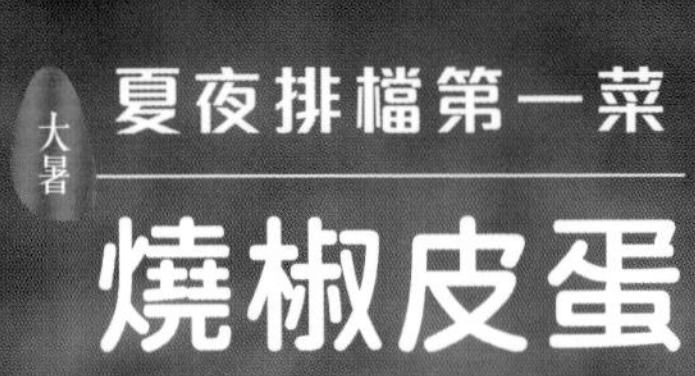

大暑

夏夜排檔第一菜

燒椒皮蛋

30 分鐘　簡單

主料

青椒 100 克
皮蛋 2 個

輔料

蒜 2 瓣
生抽 1 湯匙
米醋 2 茶匙
糖 1 茶匙
麻油 1 茶匙
熟油辣椒少許

烹飪要訣

燒好的青椒放在保鮮袋，利用本身的熱量散發的水氣使椒皮和椒肉分離，容易剝皮。

特色

在西南地區各大小城市夏天夜排檔的餐桌上，幾乎都會有一盤燒椒皮蛋，皮蛋中的鹼很好地中和了青椒的辣，加上調味料中醋的開胃作用，令此菜極受歡迎。

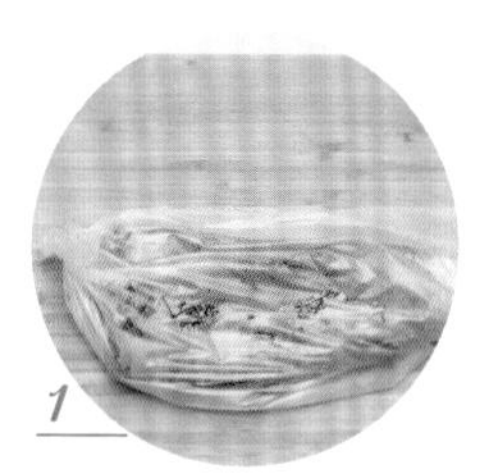

做法

1. 青椒放在火上，明火烤至青椒皮焦黑起皺，趁熱放進保鮮袋，紮緊袋口待 10 分鐘。
2. 打開袋口，取出青椒，撕去燒黑燒焦的皮，去掉籽，切成粗條。
3. 皮蛋剝去殼，切成 6 瓣，放在盤上，中間放上青椒條。
4. 蒜去皮，壓成泥，加 1 湯匙清水拌成蒜泥，放入所有調味料攪勻，淋在燒椒皮蛋上即可。

營養貼士

皮蛋又叫松花蛋，是用鴨蛋做成的，其蛋黃富含卵磷脂，卵磷脂可軟化血管，預防心腦血管疾病。

大暑

粥之絕配

翠玉瓜鍋貼

50 分鐘　高等

特色

喝小米粥、綠豆粥時，一碟煎得焦焦脆脆的翠玉瓜鍋貼是夏天晚餐的最愛。

主料

翠玉瓜 1 個（大）
豬肉碎 250 克　　餃子皮 300 克

輔料

薑 1 小塊	鹽 1 茶匙
生抽 1 湯匙	蠔油 1 湯匙
料酒 1 湯匙	胡椒粉少許
油適量	澱粉 1 湯匙
米醋適量	

烹飪要訣

餃子不捏合，在煎製過程中，翠玉瓜受熱出水，從開口處流入鍋中，和鍋內的油湯混合，使餃子皮吸收到湯汁的味道，再用水澱粉收乾，烘焦形成鍋巴，把所有味道封存，更香脆可口。

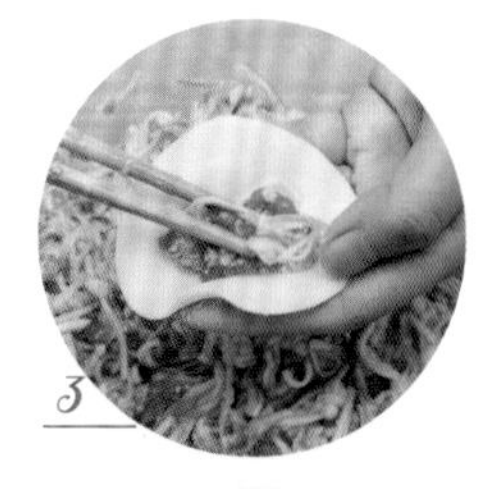
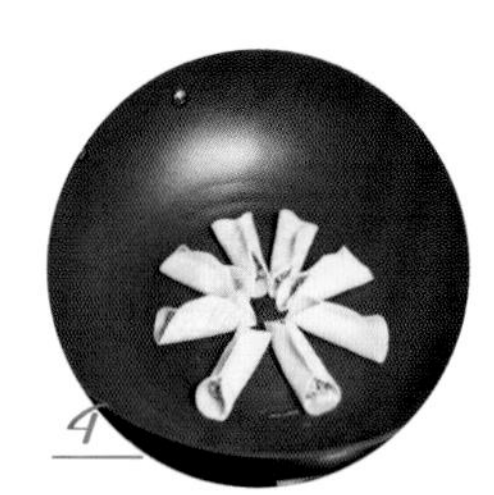

做法

1. 薑去皮，切成末，放在肉碎，加鹽、生抽、蠔油、料酒、胡椒粉拌勻成肉餡。
2. 翠玉瓜洗淨，用擦菜板擦成細絲，留下心子不要，將翠玉瓜絲拌入肉餡中。
3. 取 1 張餃子皮，放上 20~30 克菜肉餡，當中捏合，兩邊任其張開，形成一個兩頭敞開的船形。做完所有餃子皮。
4. 平底不黏鍋抹一層油，燒熱，放上餃子排滿整個鍋底。中火煎至餃底略焦，加半碗清水，加蓋待 5 分鐘，至鍋中水燒乾。
5. 澱粉加小半碗清水調成水澱粉，從鍋邊淋入，加蓋再待 3 分鐘。
6. 等水分全部燒乾，餃子底部結成一整張鍋巴，反扣餃子在碟上，鍋巴朝上。以米醋蘸食，或按各人口味調配蘸汁。

營養貼士

翠玉瓜富含維他命 C、葡萄糖、紅蘿蔔素、鉀、鈣等營養元素，尤其是鈣的含量很高。夏天不想吃動物性食物，就可以通過翠玉瓜不知不覺補了鈣，輕而易舉，事半功倍。

大暑

福利時代的記憶

青椒午餐肉

30 分鐘　簡單

主料

小罐午餐肉 1 罐
紙皮青椒 100 克

輔料

油 1 湯匙　生抽 1 茶匙
鹽 1 茶匙　蒜 2 瓣

烹飪要訣

- 紙皮青椒含水量少，炒時可用手淋入少許水，以免糊鍋。
- 午餐肉本身含油，小火慢烘，逼出肉裏的油，加少許生抽上色，味道更香。

特色

午餐肉是作為美軍單兵食物裝備而發明的，後來成為單位職工的福利，一人發幾罐。吃得最多的，就是青椒炒午餐肉、苦瓜炒午餐肉等。

1

2

3

做法

1. 青椒去蒂、去籽，洗淨，用手掰成小塊；蒜去皮、剁碎；午餐肉切成稍厚的片。
2. 炒鍋燒熱油，放蒜末爆香，放午餐肉小火煎至出油，淋上生抽炒勻，盛出。
3. 原鍋餘油放青椒炒勻，放鹽調味，放午餐肉炒勻即可。

營養貼士

青椒富含維他命 C。維他命 C 具有抗氧化作用，可參與機體新陳代謝，延緩衰老。人體無法自己合成維他命 C，必須從食物中獲取，青椒便是極佳的維他命 C 來源。

Chapter 3

秋

秋高氣爽，天高雲淡。

起於立秋，止於霜降。

「秋處露秋寒霜降」，本季6節為立秋、處暑、白露、秋分、寒露、霜降。每年陽曆8月8日前後立秋，夏天要結束了。

不期朱夏盡，
涼吹暗迎秋。
天漢成橋鵲，
星娥會玉樓。
寒聲喧耳外，
白露滴林頭。
一葉驚心緒，
如何得不愁。

立秋養生

立秋前一天，買西瓜、蒸茄脯、煎香薷飲，放在院中晾一夜，第二天即是新秋，早起合家食飲，期盼秋後無暑熱，不得瘧痢。

老北京自立秋那日起，爆灶、烤肉、涮肉上市。飯店門口掛出幌子，一個「涮」，一個「烤」，就知道立秋了。人們均應節去吃涮肉和烤肉，叫「貼秋膘」。秋季適當進補是恢復和調節人體各臟器機能的最佳時機。

蝦米燒葫蘆瓜 / 106

葫蘆瓜

葫蘆瓜與瓠子出自一宗，野生葫蘆帶苦味，是因為含葫蘆素，經過人工選育，瓜肉細膩、潔白、甘甜，古人稱為甘瓠。詩經中有「南有樛木，甘瓠纍之」，說明先秦時已經栽培出甜味的葫蘆瓜了。

秋葵熗藕丁 / 107

蓮藕

蓮藕是荷花的休止芽，作為營養倉庫，儲備能量，以利下一年的生長。6 月芒種薦新的藕帶是蓮鞭的生長芽，到 7 月蓮鞭上長出最後一枚終止葉，此時的藕鞭會積聚澱粉膨大成蓮藕，因此大暑之後的蓮藕是最脆最嫩的。藕節間再分長出蓮鞭，以待次年生長。蓮藕全年可採，但中秋後的藕澱粉質繼續增加，水分減少，生吃不脆，但燉湯特別好。

一候涼風至

立秋之日，北方地區晚上熱風轉涼，晚間不再酷熱難當，隱隱有涼氣生肋下。

二候白露降

夜間地面溫度降低，空氣中的水氣遇草木凝為露水，季相與暑日迥然不同。

三候寒蟬鳴

高樹上的蟬餐風飲露，首先感覺到了秋風將至，自知在世時日不長，長鳴淒切。

每年公曆 8 月 8 日前後立秋，夏天要結束了。立秋對北方而言，是暑去涼來，早晚涼風習習，甚是愜意；對長江中下游以及中南、華南地區而言，還有 24 個秋老虎在前。氣象意義上秋天的定義是連續 5 日的平均溫度在 22℃以下，而此時的南方大部分地區平均溫度仍有 30℃，雖曰立秋，乃是長夏。

立秋文化和習俗

夏至《數九歌》有「五九四十五，頭戴秋葉舞」之句，是説立秋這天，男女老少頭上都要插戴楸葉，以「楸」葉之音，對應立秋的時序。

楸葉除了剪成花插戴，還可以洗乾淨搗成汁熬成膏，叫楸膏，用來搽瘡瘍，據説非常靈驗。

茄丁乾拌麵 / 108

茄子

茄子過油或者煎煮火候到家，酥爛入味。古時又稱昆侖瓜，看名字，是從印度傳來，原產地為阿拉伯。

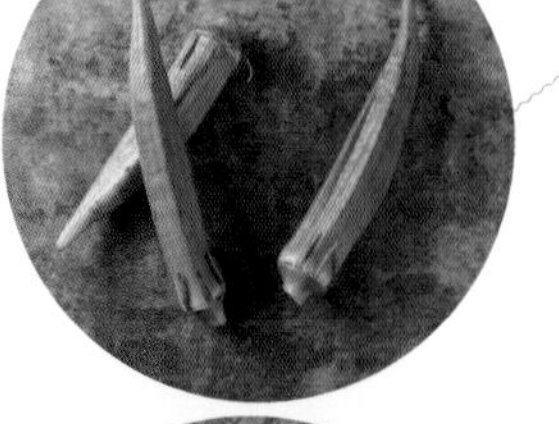

煎釀百花秋葵 / 110

秋葵

秋葵原產非洲埃塞俄比亞和西非地區，傳到埃及後廣泛種植於地中海沿岸，再傳入印度，印度菜裏常有咖喱煮秋葵。日本人喜歡秋葵，認為其黏液像納豆一樣，充滿能量。

蒜蓉剁椒蒸竹蟶 / 111

蟶子

蟶子有多種：大竹蟶、長竹蟶、縊蟶等，一般説的蟶子就是縊蟶。蟶子在淺海邊的灘塗泥沙中生活，夏天入水淺，冬天入水深，夏天去海邊戲水，順帶捕捉蟶子，頗為有趣。

立秋

葫蘆夜開花

蝦米燒葫蘆瓜

30 分鐘　簡單

主料

葫蘆瓜 1 個　　乾蝦米 20 克

輔料

油 2 湯匙　　鹽 1 茶匙
醬油 1 湯匙　　蠔油 1 湯匙
糖 1 茶匙　　料酒 1 湯匙
葱花少許

烹飪要訣

- 選好醬油，燒出的葫蘆瓜更美味。
- 選好蝦米，可以提升味道和香氣。

特色

上海及其周邊地區，把葫蘆瓜叫夜開花，味道甘甜，質地細嫩，已無葫蘆之外形，更無葫蘆之苦味，可稱良蔬。

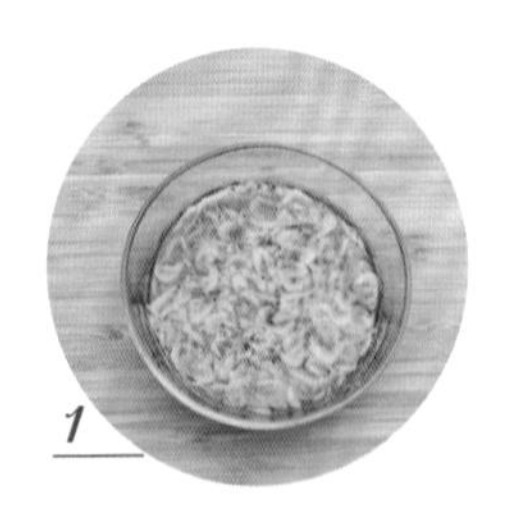

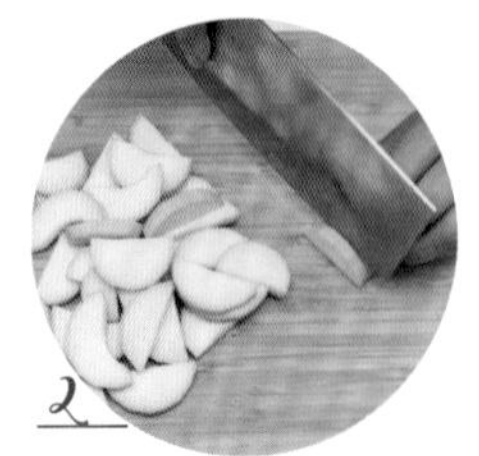

做法

1. 蝦米揀淨，用料酒浸泡 10 分鐘。
2. 葫蘆瓜去皮，挖去瓤子，切成厚片。
3. 炒鍋燒熱油，爆香蝦米，下葫蘆瓜炒勻。放入鹽、醬油、蠔油、糖、泡蝦米的料酒，炒勻。加水蓋過食材，燒 3 分鐘入味。大火收乾湯汁，撒上葱花即可。

營養貼士

嫩葫蘆瓜含水量高達 95%，每 100 克含維他命 C 10~15 毫克，以及少量的糖和磷、鈣等，營養素含量並不高，但葫蘆瓜含有一種干擾素的誘生劑，可刺激機體產生干擾素，提高機體的免疫能力，發揮抗病毒和抗腫瘤的作用。

立秋 美人手指玲瓏心

秋葵熗藕丁

30 分鐘　簡單

主料

秋葵 100 克　　蓮藕半個
乾紅辣椒 3 隻

輔料

鹽 1 茶匙　　油 1 湯匙
白醋 1 茶匙

烹飪要訣

- 秋葵果莢上密佈茸毛，食用前需用鹽搓去茸毛後再烹飪。
- 秋葵果莢切開後橫截面是五邊形，因此藕丁也最好切成相似的形狀，成菜更漂亮。
- 不喜歡白醋味道可以不放入。

特色

秋葵的英文是 lady's finger，直譯為「美人指」；藕芯七竅玲瓏，兩樣果實的橫剖面都呈現出幾何圖案的美麗。

1

2

3

4

做法

1. 秋葵切去蒂，用鹽搓去表皮茸毛，洗淨，切成 1 厘米長的小段。蓮藕去皮，豎切成一指寬的條，再橫切成 1 厘米見方的丁，用水沖去多餘澱粉。燒一鍋水，分別灼燙藕丁和秋葵，撈出過涼。
2. 乾紅辣椒剪成段，去掉籽。
3. 炒鍋燒熱油，爆香辣椒段，下藕丁翻炒。
4. 下秋葵炒勻，放鹽調味，淋上白醋即可。

營養貼士

切開後的秋葵內部有黏液，在日本人的傳統觀念，有黏液的食物可補充能量，如納豆的黏絲，但這其實是一廂情願的想法。實際上秋葵的黏液來自其所含的多醣，多醣無法被人體吸收，適合減肥一族食用。

立秋

家常炸醬香濃郁

茄丁乾拌麵

60 分鐘　簡單

特色

茄子打滷，炸醬麵，一聽就具有北方麵食的特點，何況這麵還是手擀的過水麵。

營養貼士

茄子與別的蔬菜相比，其維他命 P 含量較高，在維他命 P 的幫助下，維他命 C 可免受氧化的困擾，更易被人體吸收。

主料

中筋麵粉 300 克　雞蛋 1 個
圓茄子 1 個（中等）
紫皮洋葱半個　五花肉 100 克
青椒 1 個

輔料

黃豆醬或甜麵醬 3 湯匙
油 3 湯匙　料酒 1 湯匙
薑 1 小塊　蒜 3 瓣
鹽少許

烹飪要訣

- 麵條軟硬可自己掌握，喜歡軟和的多放點水，喜歡彈牙的少放點水。
- 炒茄子時能不放水就不要放水，茄子本身會出水，如嫌乾可放料酒和醬油。

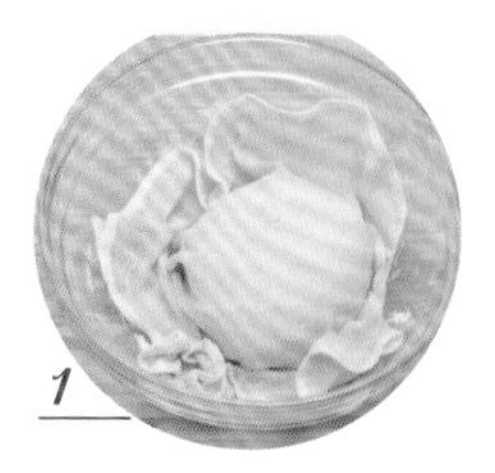
1

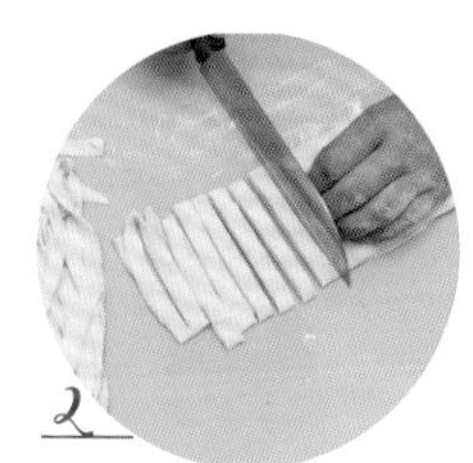
2

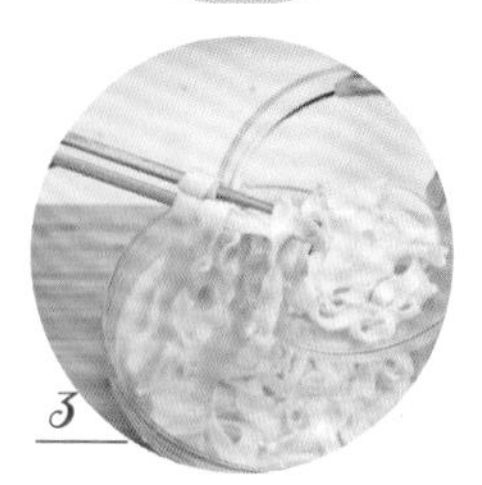
3

做法：手擀麵

1. 麵粉加 80 毫升清水、1 個雞蛋、少許鹽和成麵糰，蓋上乾淨濕布，醒發 30 分鐘以上。
2. 取出放在案板上擀開，擀成厚薄均勻的麵皮，折疊，切成寬 1 厘米左右的寬麵條。
3. 煮一鍋水，煮麵，麵熟後撈出，放在涼水過涼，盛起。

1

2

3

4

做法：炒茄丁

1. 圓茄子去皮，切成約 1.5 厘米丁粒，用淡鹽水浸泡。圖 1
2. 洋葱切 1 厘米左右的丁；青椒去蒂、去籽，切碎粒；五花肉去皮，切丁；薑切末，蒜切末。
3. 炒鍋燒熱油，放五花肉丁煸炒出油，下薑末、料酒去腥，放少許鹽入底味，下洋葱丁炒至半透明，盛出。圖 2
4. 餘油燒熱，放一半蒜末炒香，加擠乾水分的茄丁炒至出水，下黃豆醬炒勻，炒至入味後加入餘下的蒜末炒香。放洋葱肉丁炒勻，讓醬裹滿肉丁。圖 3
5. 關火，放青椒碎粒炒勻，盛出，舀合適份量在麵條上即可。圖 4

立秋

美人簪花

煎釀百花秋葵

50 分鐘　中等

主料

秋葵 5~6 條
蝦膠 1 袋

輔料

油 1 湯匙
生抽 1 湯匙
澱粉少許

特色

秋葵又叫羊角豆，形似羊角而得名，它當然不是豆，是秋葵的嫩果莢。果莢中空，可以釀餡。

烹飪要訣

- 蝦膠超市有售，沒有可用新鮮蝦仁製作：蝦仁拍成蓉，加肥肉剁成膠狀，加鹽、雞蛋白、胡椒粉、少許澱粉調味，即成「百花膠」。
- 蝦膠拍上了澱粉，收汁階段不必再用水澱粉勾芡。
- 蝦膠和秋葵易熟，不可久煮。

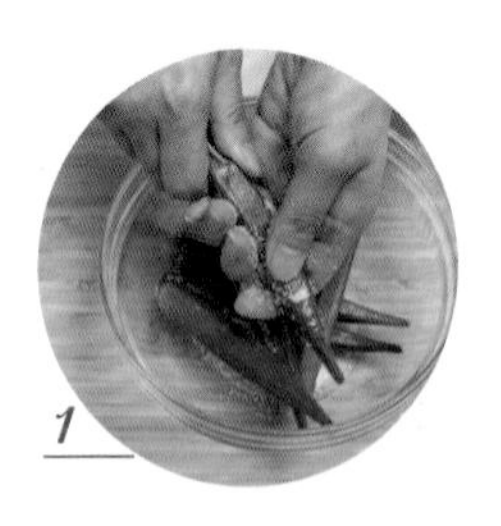
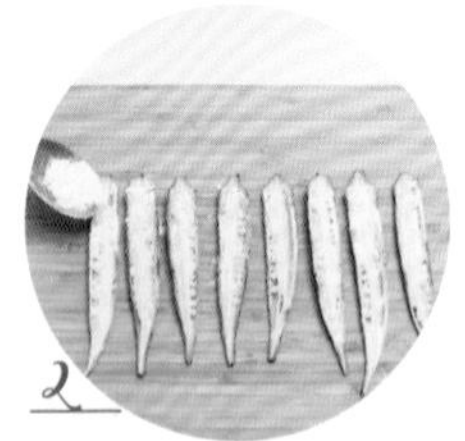

做法

1. 秋葵去蒂，用鹽搓去果莢上的茸毛，洗淨。
2. 對剖切開，莢內撒上少許澱粉。
3. 蝦膠剪開袋角，擠在莢內，拍上少許澱粉，按實、按平。
4. 平底不黏鍋燒熱油，放釀好的秋葵，蝦膠面朝下，慢火煎香。翻面再煎，煎至七八成熟，加適量清水和生抽。小火燒至湯汁收乾，上碟。

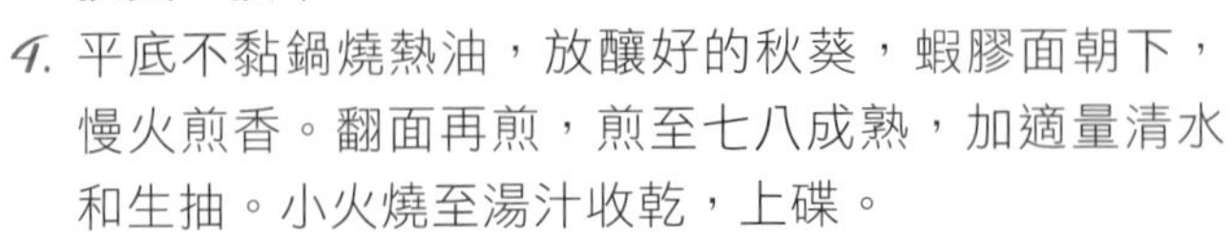

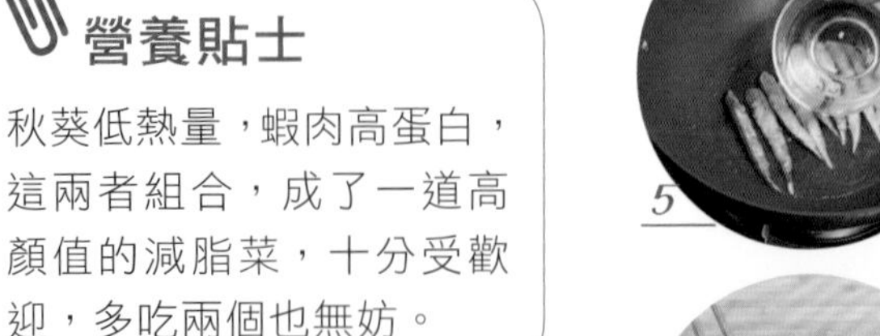

營養貼士

秋葵低熱量，蝦肉高蛋白，這兩者組合，成了一道高顏值的減脂菜，十分受歡迎，多吃兩個也無妨。

主料

竹蟶 400 克

輔料

剁椒 2 湯匙
蒜頭半個
薑 1 小塊
油 1 湯匙
蒸魚豉油 1 湯匙
料酒 1 湯匙
葱花少許

烹飪要訣

- 剁椒有鹹味，不必再放鹽了。
- 竹蟶下方可墊泡軟的粉絲，以吸收湯的鮮味。

特色

竹蟶細長如竹節，蟶子肉細嫩肥腴，鮮甜甘美，清蒸最佳，略放點剁椒，增色而已。

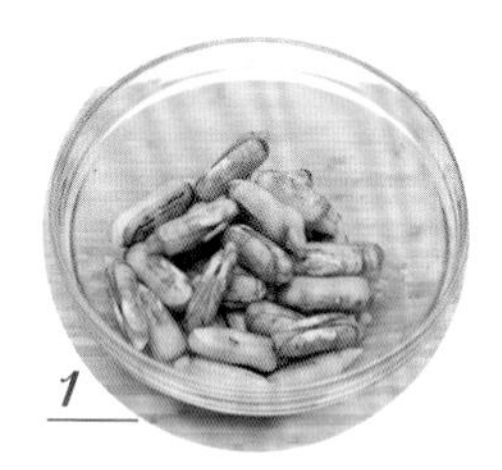

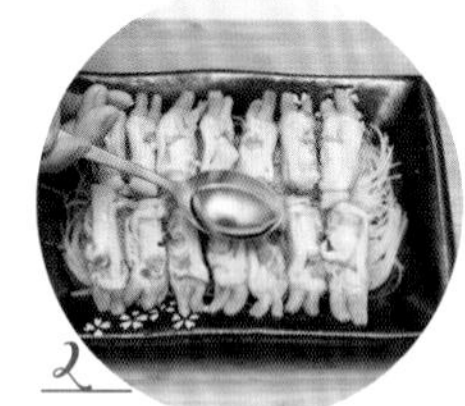

做法

1. 竹蟶放清水，加少許鹽養半天，吐淨泥沙。
2. 從竹蟶殼中間剖開，帶肉的一邊沖淨，上碟，淋上料酒。
3. 蒜頭剁碎；薑切末，和剁椒拌勻，放在竹蟶上。
4. 上籠蒸 10 分鐘至熟，取出，淋上蒸魚豉油。燒熱油，澆在蒜蓉剁椒上，撒上葱花即可。

營養貼士

竹蟶肉高蛋白、低脂肪，作為甲殼類食材，其所含的鈣、鐵、硒等礦物質元素是人體必需的，鈣壯骨、鐵生血、硒可幫助人體吸收與利用攝入的營養素。

向來鷹祭鳥，漸覺白藏深。葉下空驚吹，天高不見心。氣收禾黍熟，風靜草蟲吟。緩酌樽中酒，容調膝上琴。

處暑養生

《詩經・七月》説七月食瓜，以及「烹葵及菽」，先秦時的瓜是甜瓜一類，不是西瓜。葵即如今西南省份仍在種植栽培食用的冬葵，也叫冬寒菜，菽是大豆。葵葉甘滑，與粥同煮最宜。如果吃瀝米飯，用米湯煮冬寒菜，最能體現甘滑二字。

北方天高氣清，南方仍處暑中，綠豆湯、老蔭茶仍是消暑恩物。

美食薦新

金沙南瓜 / 114

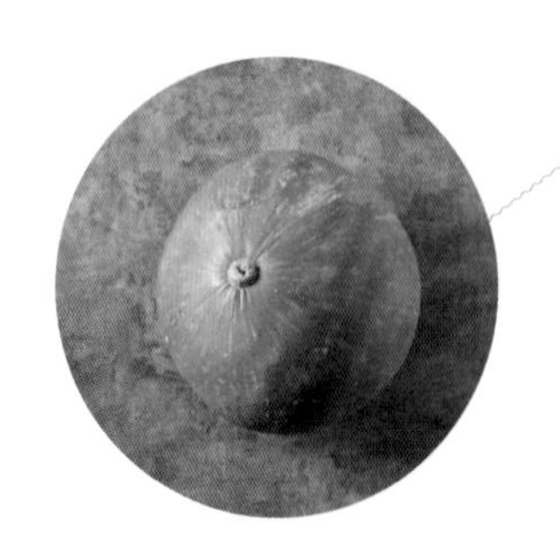

南瓜

南瓜是葫蘆科南瓜屬，全世界有約 30 種，分佈於熱帶及亞熱帶地區，在溫帶地區栽培。南瓜又叫倭瓜、番瓜、飯瓜、番南瓜、北瓜。南瓜原產中南美洲，在元朝應該已經進入中國。

苦瓜釀南瓜 / 115

苦瓜在清以前，是栽培作為觀賞的藤蔓植物，有個美名叫「錦荔枝」，因表面凹凸不平，民間俗呼作「癩葡萄」。當時的苦瓜短而圓，比荔枝稍大，成熟後金紅色，所以叫「錦荔枝」，口誤訛為「金鈴子」。苦瓜作為食物比較晚，採摘趁嫩時，或青或白，如今化為蔬菜，金紅的錦荔枝反而少有人見。

一候鷹乃祭鳥

處是結束，酷暑天氣到此時差不多結束了。田間地鼠、林間鳥雀因夏天食物豐盛，長得體形肥碩，鷹隼等猛禽捕捉的鳥獸常有盈餘，置於面前，像祭蒼天。

二候天地始肅

平均氣溫下降，一掃大暑時的悶熱溽濕，天清地肅，空氣清爽，心曠神怡。

三候禾乃登

公曆八月下旬，禾穀成熟，稻田一片金黃，小米穀穗沉重，豐收在望。

每年公曆 8 月 23 日左右交節處暑。風向從副熱帶高壓的悶熱東南季風轉為涼爽的東北風，蒙古冷高壓小試拳腳，時時輸送冷風南下，一雨成秋，南方夜間溫度也有所下降。

處暑文化和習俗

處暑與中元節相近。中元在農曆七月十五日，民間呼作「七月半」，此時天清氣爽，明月照人，也可以賞月。再加上剛過了七夕，牛郎織女渡過了鵲橋相會，因此有「金風玉露處暑天」之說。宋朝時人們在中元節前一日要買楝葉，祭祀時鋪在供桌上，意思是告訴祖先，秋天來了。十五日用穄米飯供養祖先。

蒜蓉熗炒通菜 / 116

通菜

通菜又叫空心菜、藤菜等，正名蕹菜。這種蔬菜產自東南亞海島，用甕罐盛裝在船上供船員食用，到了廣東沿海，言語不通，見甕中種菜，命名為甕菜。甕字原寫作罋，便叫罋菜，因是蔬菜，加草字去瓦，改為蕹菜。

醬油水花蛤 / 117

花蛤俗稱花甲，又叫蛤蜊，正名文蛤，文蛤是指蛤殼上有紋路。文蛤適宜生長的海水溫度為 15~30℃，水溫 10℃以下停止生長，因此這個時節的文蛤最為鮮美。

金沙南瓜

30 分鐘 簡單

主料

南瓜 1 塊（約 300 克）
鹹蛋黃 2 個

輔料

油 1 湯匙　　鹽少許
葱花少許

烹飪要訣

鹹蛋黃有鹹味，南瓜味甜，此菜不必太鹹。如嫌味道不夠，可把鹹蛋的蛋白壓碎，一同炒入。

特色

金沙是鹹蛋黃的美名，煮熟再炒過的鹹鴨蛋黃變成金黃色，有沙沙的口感，用這充滿香氣的金沙炒南瓜，鹹中帶甜，甜中有鹹，鹹香甘甜。

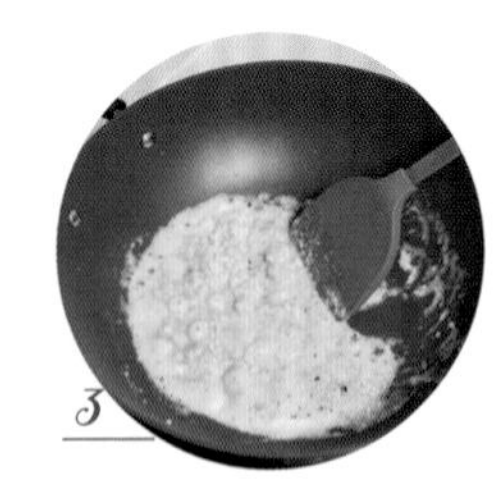

做法

1. 老南瓜去皮、去瓤，切方塊，放入蒸鍋蒸至八分熟、筷子可輕鬆穿過。
2. 鹹蛋黃蒸熟，冷卻後壓碎。
3. 炒鍋燒熱油，放鹹蛋黃末小火炒香。
4. 放南瓜炒至裹滿蛋黃，放少許鹽調味，上碟，撒上少許葱花即可。

營養貼士

南瓜的金黃色說明它含大量類胡蘿蔔素，類胡蘿蔔被人體吸收後可轉換為維他命 A，維他命 A 可軟化皮膚角質，提高視覺功能。

主料

苦瓜 1 個
南瓜 100 克

輔料

鹽 1 茶匙
油少許

烹飪要訣

南瓜用微波爐加熱（不是蒸或煮），可以減少水分。

特色

世人皆不好吃苦，但面對苦瓜卻甘之若飴，即使最初不吃苦瓜的，多嘗試幾次後也能接受。苦瓜釀南瓜，更是填進了所有人都喜歡的甜味。

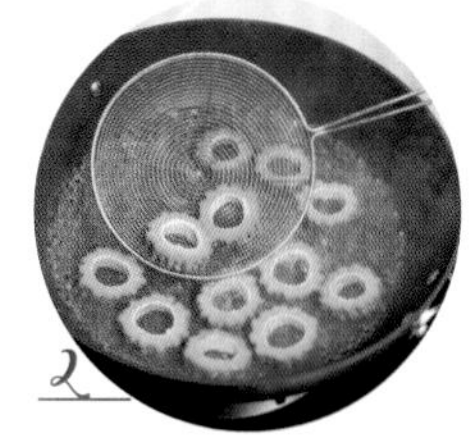

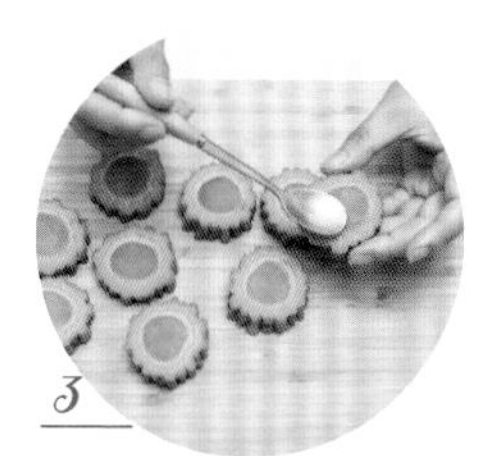

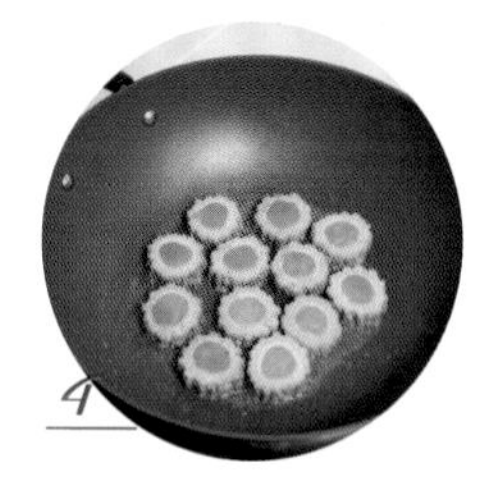

做法

1. 南瓜去皮、去瓤，切成小塊，放碗內，覆上保鮮紙，進微波爐高火加熱 5~8 分鐘至熟，取出壓成泥。
2. 苦瓜切去兩頭，切成 1 厘米厚的片，挖去瓤子。煮一鍋開水，放鹽，放苦瓜灼燙 1 分鐘，撈出過涼水。
3. 苦瓜用廚房紙吸乾水分，在苦瓜圈釀進南瓜泥，抹平。
4. 平底鍋燒熱油，放釀好的苦瓜煎至兩面微黃即可。

營養貼士

苦瓜中維他命 C 的含量是瓜類之冠。苦瓜含奎寧，具活性蛋白，能提高人體免疫功能。苦瓜中有類似胰島素物質，有明顯的降血糖作用。

處暑

夏菜第一蔬

蒜蓉熗炒通菜

20 分鐘　簡單

主料

通菜 250 克

輔料

蒜 3 瓣　小米辣（紅辣椒）2 隻

豬油 1 湯匙　魚露 1 湯匙

烹飪要訣

- 炒通菜要好吃，兩個要點，一是要嫩，二是火大油熱。摘通菜要捨得扔，老梗大段丟掉，只取嫩尖。用豬油炒最好，沒有用植物油也行，鍋要燙，油要熱，下鍋時間要短，翻勻軟身即可。
- 蒜蓉炒、乾辣椒炒，按各人喜好。通菜不怕異味，用魚露、腐乳提鮮，味道上佳；或者只是放鹽。

做法

1. 通菜摘取嫩尖，洗淨，瀝乾。
2. 蒜去皮，切碎；小米辣去蒂、去籽，切成圈。
3. 炒鍋燒熱，放豬油融化，下蒜蓉、小米辣爆香。
4. 下通菜炒至變色，關火，淋上魚露炒勻即可。

特色

通菜易種易活，在夏天尤其快生快長，價錢便宜，味甘無異味，幾乎所有人都能接受。

營養貼士

通菜含維他命 C、維他命 B_2 等，還含有豐富的膳食纖維，由膳食纖維、半膳食纖維、木質素、膠漿及果膠等組成，能有效促進腸蠕動。

醬油水花蛤

20 分鐘　簡單

主料

花蛤 300 克

輔料

油 1 湯匙	醬油 1 湯匙
糖少許	料酒 1 湯匙
薑 1 小塊	蒜 2 瓣
小米辣（紅辣椒）2 隻	細香葱 3 棵

烹飪要訣

- 花蛤受熱開殼會出水，因此不必再加水。
- 如嫌鹹味不足，可稍放點鹽，或加 1 茶匙生抽。
- 小米辣也可換成青紅椒絲，加些薄荷葉、羅勒葉也可。

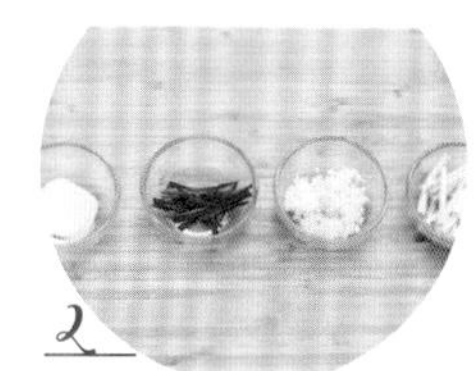
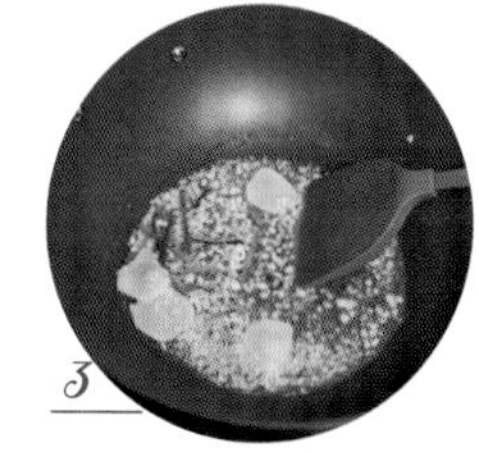

做法

1. 花蛤用清水養半天，吐淨泥沙。
2. 薑切片；蒜切末；小米辣切絲；細香葱切段。
3. 炒鍋燒熱油，爆香薑片、蒜末、辣椒絲。
4. 下花蛤炒勻，放料酒、醬油、糖翻勻，加蓋煮 3 分鐘，至花蛤開殼，放入葱段炒勻即可。

特色

醬油水是福建閩南具地方特色的烹飪方法，幾乎所有海鮮都可以用醬油水炒煮，小雜魚、貝殼類、蝦蟹、章魚、魷魚等，手法多變，但萬變不離其宗，只用醬油已可帶出海鮮的美味。

營養貼士

七八月的花蛤最肥美，此時水溫高，水中浮游生物多，花蛤的食物來源豐富，秋後水溫越來越低，花蛤變得枯瘦，蛋白質含量也會降低。花蛤富含鋅，鋅可促進維他命 A 吸收。

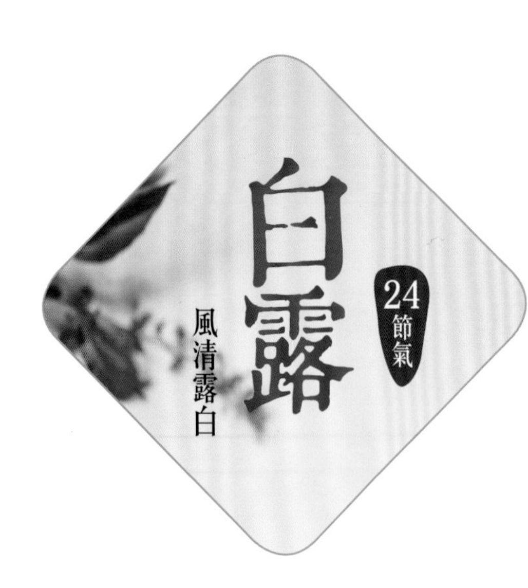

露沾蔬草白，
天氣轉青高。
葉下和秋吹，
驚看兩鬢毛。
養羞因野鳥，
為客訝蓬蒿。
火急收田種，
晨昏莫辭勞。

寒來暑往，秋氣漸涼，可適當增加戶外運動時間，慢跑、健走、登高、郊遊。

白露節氣，蘇州的雞頭米（新鮮芡實）上市。蘇州有民諺:「春季馬蹄夏時藕，秋末慈姑冬芹菜，三到十月茭白鮮，水生四季有蔬菜。」橫山的藕、南蕩的雞頭、梅灣的菱、黃天蕩的馬蹄、蓮藕，再加上慈姑、水芹和茭白，並稱「水八仙」，依時令上市，不時不食。

葱油芋艿 / 120

芋艿

芋艿即芋頭的腋芽，又叫小芋頭、芋兒、芋子、芋苗，相比芋頭豐富的澱粉質帶來的沙沙的口感，芋艿的澱粉質地更細膩，口感更糯滑。

薏米老鴨湯 / 121

中國營養學會發佈的中國十大好穀物是全麥粉、糙米、燕麥米、小米、粟米、高粱米、青稞、蕎麥、薏米、藜麥，薏米排名第九。但薏米質地較粗，消化功能比較弱的人可適當少吃，或徹底煮爛。

一候鴻雁來

雨水節氣時，從溫暖的南方經過中國往寒涼的西伯利亞過夏的鴻雁，此時再次掠過中國，往南方飛去。

二候玄鳥歸

春分節氣飛來的燕子也離巢南飛，去溫暖的南方過冬。秋來天地，雁燕南飛。

三候群鳥養饈

秧雞、鸕鷀、戴勝、伯勞、百舌、百靈、杜鵑、布穀、畫眉等禽鳥捕食小魚昆蟲田鼠等，積蓄過冬的能量。

白露節氣在每年公曆 9 月 8 日前後，此時晝夜溫差加大，入夜之後露水增多，清晨陽光照射下，尚未蒸發的露珠呈白色，因名白露。“露從今夜白，月是故鄉明”，白露帶來了思鄉的傷感情緒。

白露文化和習俗

白露節氣，適逢收穫，農村一片喜氣洋洋，糧食歸倉，棉田拾花，收豆收穀，釀新米酒，忙而不亂。

白露之後，便是秋社。春社是祭祀土地神，祈禱這一年農事豐收，秋社便是還願禱神，感謝土地神這一年鄉里平安，福佑蒼生。

薏米老鴨湯 / 121

常說的鴨子即家鴨，是由野鴨即綠頭鴨馴化而來，根據顏色不同，又有麻鴨、白鴨、黑鴨等，按用途又分為蛋用（產蛋）、肉用（食用），和蛋肉兩用鴨。北京鴨是肉用型鴨的代表，紹興麻鴨是蛋用型鴨的代表，高郵麻鴨則是蛋肉兩用型鴨的代表。

子薑炒鴨 / 122

子薑又叫仔薑、紫薑等，是老薑的嫩芽，夏天的子薑纖維少、水分多，辣味適中，可作蔬菜食用。

中文語境下的鱸魚有幾種：海鱸魚、大口黑鱸、松江鱸魚。海鱸魚的幼體在春夏季從海游到純淡水的河流中，到秋天膘肥肉緊，再游回海洋，秋天正是吃海鱸魚的時候。

蔥油芋艿

主料

芋艿5個（中等）
細香蔥50克
小米辣（紅辣椒）1隻

輔料

蒸魚豉油3湯匙　油2湯匙

烹飪要訣

- 生芋艿削皮會手癢，蒸熟之後再剝可解決此問題，並且沒有發生氧化反應，芋艿更白淨。
- 芋艿挑糯性的更好吃。

特色

芋頭易藏易收。中國古代對於芋頭的吃法常是一個字：煨。只要有火就可煨芋，就可療饑。

做法

1. 芋艿洗淨，蒸20分鐘以上至全熟，以筷子可以輕鬆穿過即可。
2. 稍冷卻後剝去皮，削去斑點老根，切成方塊，澆上蒸魚豉油。
3. 細香蔥洗淨，切成蔥花，放在芋艿上；小米辣去蒂、去籽，切圈，撒在蔥花上。
4. 燒熱油，淋在蔥花上即可。

營養貼士

芋艿含有大量礦物質，其中氟的含量較高。氟具有潔齒防齲、保護牙齒的作用。芋艿還富含碳水化合物，既可為蔬菜又可為主食。將芋艿代替一部分大米日常食用，對健康更為有益。

白露 秋來唯思此中味

薏米老鴨湯

60分鐘 中等

主料

老鴨半隻或1隻　　鹹筍尖50克
薏米50克

輔料

薑1小塊　　細香葱3棵或大葱2段
料酒2湯匙　　花椒10粒
胡椒粉少許

烹飪要訣

- 鹹筍尖有足夠鹹味，湯內不必再放鹽，如覺不夠鹹，可加少許鹽。
- 湯內還可放入火腿、冬瓜、鹹鴨肞等。

特色

一到秋天，是煨老鴨湯的時候了。老鴨湯必得用鹹筍，江浙滬稱之為「扁尖」，是用鹽水煮過又烘乾的小筍尖。有此恩物，再加新收的薏米，老鴨湯方得有味。

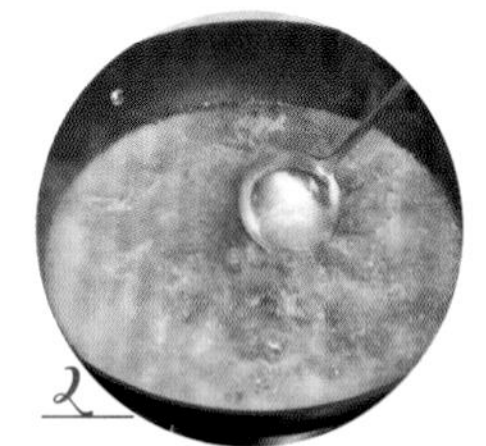

做法

1. 薏米用清水浸泡過夜。
2. 乾淨老鴨剁成大塊，放入開水鍋中大火煮開，撇去浮沫，清水沖淨。
3. 鹹筍尖撕成條，切成兩三段；薑去皮、拍破；葱打結。將老鴨放入砂鍋或壓力鍋，加入清水蓋過老鴨，或更多。
4. 放薏米、薑、葱結、料酒、鹹筍尖、花椒，大火煮開，轉小火煲至鴨肉酥爛。吃時去掉薑葱，加入胡椒粉即可。

營養貼士

薏米的口感軟糯中帶點勁道，耐嚼，且越嚼越香，久燉不爛，因此入得甜羹，下得老湯，久燉之後薏米本身的香味散發出來，更增食物的美味。薏米所含的薏苡素、薏苡仁多糖等物質還有抗炎、鎮痛的作用，術後病人喝薏米湯，是不錯的食療方法。

白露 像吃蔬菜一樣吃薑

子薑炒鴨

50 分鐘 中等

特色

薑是老的辣，但是嫩的鮮。子薑即嫩薑，嫩薑入饌，如子薑肉絲、子薑小煎雞、子薑爆鴨子，都是可以吃到大量子薑的菜式。

主料

嫩鴨半隻　子薑 100 克
大葱 1 棵　青尖椒 5 隻

輔料

料酒 1 湯匙　花椒 10 粒
油 2 湯匙　乾紅辣椒 20 克
蒜 5 瓣　豆瓣醬 1 湯匙
鹽 1 茶匙　糖 2 茶匙
生抽 1 茶匙　陳醋 1 茶匙

烹飪要訣

- 嫩鴨含水量大，灼水後要充分瀝乾，瀝得越乾，炒的時間越少。
- 在瀝乾的過程中可放少許鹽拌勻，有助脫水，也入了底味。
- 不能吃辣的，可不放乾辣椒、青尖椒和豆瓣醬，改用醬油上色。

1

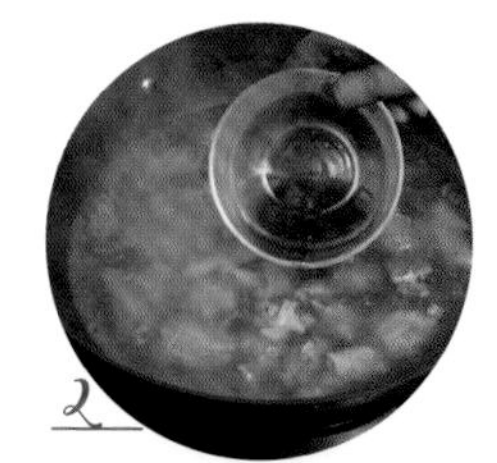
2

3

4

5

6

做法

1. 光鴨洗淨，剁去鴨掌尖和鴨尾尖，去掉脖子上的皮，切塊。
2. 鴨伴冷水下鍋，加 1 湯匙料酒煮開，撇去浮沫，沖淨，瀝乾。
3. 乾紅辣椒剪成段；葱洗淨，切段；薑洗淨，切成稍厚的片；蒜去皮，切成粒；青尖椒洗淨，去蒂、去籽，切成 1 厘米見方的丁。
4. 炒鍋燒熱油，放入花椒爆香。下鴨塊煸炒乾水分，煸出鴨子本身的油。
5. 放乾紅辣椒、蒜粒炒香，放豆瓣醬小火煸炒出紅油。
6. 下青椒粒炒至剛熟，放鹽、糖、生抽、陳醋，炒至入味，最後下葱段和子薑片炒出香味即可。

營養貼士

生薑中含薑辣素，進入人體後能產生抗氧化本酶，有效對抗自由基，達抗衰老的作用。

白露

千古一羹

蓴菜鱸魚羹

50 分鐘　高等

主料

鱸魚 1 條　　蓴菜（莼菜）50 克
雞蛋白 2 個

輔料

薑 1 小塊（切片）　細香葱 1 把（切段）
料酒 2 湯匙　　鹽 2 茶匙
胡椒粉少許　　澱粉 1 1/2 湯匙
高湯 500 克

烹飪要訣

- 沒有高湯，可用罐頭雞湯代替，或可用清水，上碟前加 1 茶匙豬油。
- 鱸魚沒有細刺，只有脊骨和腹部的大骨，去骨很方便。桂花魚、刀魚、黃魚等也適用。
- 沒有新鮮蓴菜，可用超市售賣的包裝蓴菜，使用時先灼水。

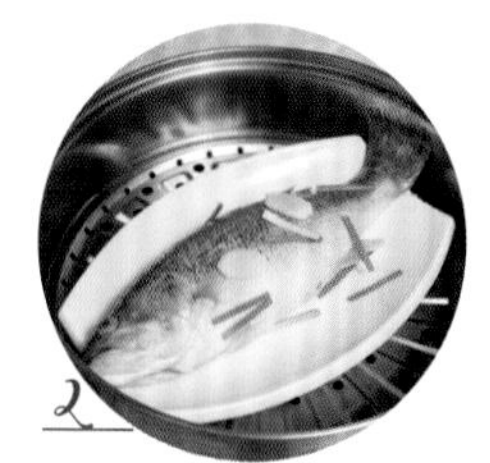

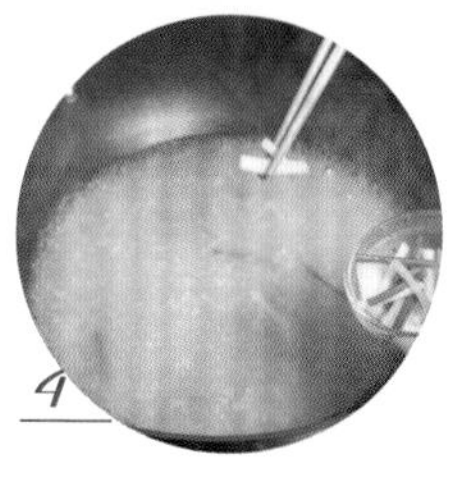

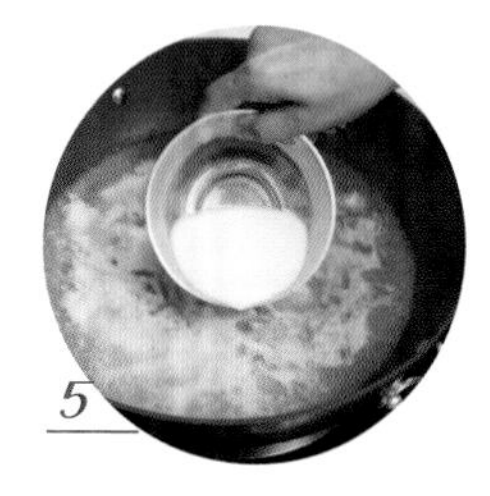

做法

1. 鱸魚洗剖乾淨，用 1 茶匙鹽內外揉勻。
2. 加一半的薑片、葱段和 1 湯匙料酒，上籠蒸 8 分鐘至熟。
3. 冷卻後抽掉魚骨，魚肉切成 1 厘米丁方。
4. 高湯加剩餘薑片、葱段，大火煮開，撈出葱薑丟棄。下魚肉、蓴菜小火煮滾，放胡椒粉及剩餘鹽、料酒調味。
5. 澱粉加少許清水調勻，慢慢倒入鍋，用勺子推開，勾成半透明的玻璃芡。雞蛋白打勻，打圈淋入，用勺子推開，形成蛋片，攪勻即成。

營養貼士

鱸魚富含微量元素硒，硒有明顯的抗氧化、抗癌的功效，還能幫助維他命吸收。日常可攝入富硒食物，如富硒大米、麵粉、茶葉，以及動物肝臟、魚類等。

琴彈南呂調，
風色已高清。
雲散飄飖影，
雷收振怒聲。
乾坤能靜肅，
寒暑喜均平。
忽見新來雁，
人心敢不驚？

秋高氣爽，登高縱目，秋分時節適宜外出遊玩，賞風賞月賞秋景。
秋天水生食物多，易附寄生蟲。螃蟹之外，還有馬蹄、菱角、茭白、慈姑、蓮藕、水芹、淡水魚等，應避免生食，徹底煮熟，方可無憂。

美食薦新

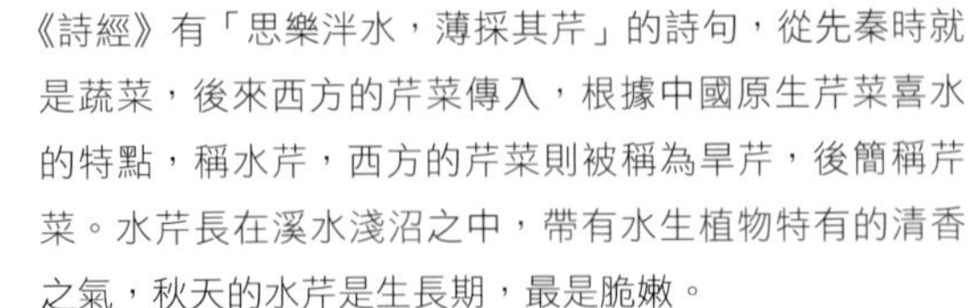

水芹炒香乾 / 128

水芹

《詩經》有「思樂泮水，薄採其芹」的詩句，從先秦時就是蔬菜，後來西方的芹菜傳入，根據中國原生芹菜喜水的特點，稱水芹，西方的芹菜則被稱為旱芹，後簡稱芹菜。水芹長在溪水淺沼之中，帶有水生植物特有的清香之氣，秋天的水芹是生長期，最是脆嫩。

鹽烤秋刀魚 / 129

秋刀魚

秋刀魚因日本導演小津安二郎生前導演的最後一部電影《秋刀魚的滋味》而被更多的人所知道，秋刀魚因此也染上了日本風物的氣質和味道。

一候雷始收聲

秋分之後，強對流天氣漸少，暴雨轉為連綿秋雨，雷聲漸隱。

二候蟄蟲坯戶

蜩蟬、螳螂、螻蛄、蟋蟀、蟈蟈、螢火蟲等，藏的藏，腐的腐，等候下一個春天，開啟又一輪生命週期。

三候水始涸

雨水減少，溪流山澗水流放緩；空氣變得乾燥，蒸發量加大，小型池塘漸至乾涸枯竭。

秋分的意思是秋天過了一半，秋季三月一分為二。每年公曆 9 月 23 日左右，時交秋分，太陽直射赤道，全球晝夜等長，秋分之後，北半球白天變短，黑夜漸長。南方到這時方算正式入秋。秋分之時，晝夜均，寒暑平。

秋分文化和習俗

秋分是農時的重要節點，民諺說：「秋分在社前，斗米換門錢；秋分在社後，斗米換門豆」。這個社，指的是秋社。2018 年，中國國務院定秋分日為豐收節。

與春分時祭日一樣，過去秋分這一天，皇帝要去月壇祭月。還因夏至祭地，冬至祭天；因此從明朝起，為了這四時祭祀，北京修建了日壇、月壇、天壇、地壇，還有立春時祭祀神農的先農壇。

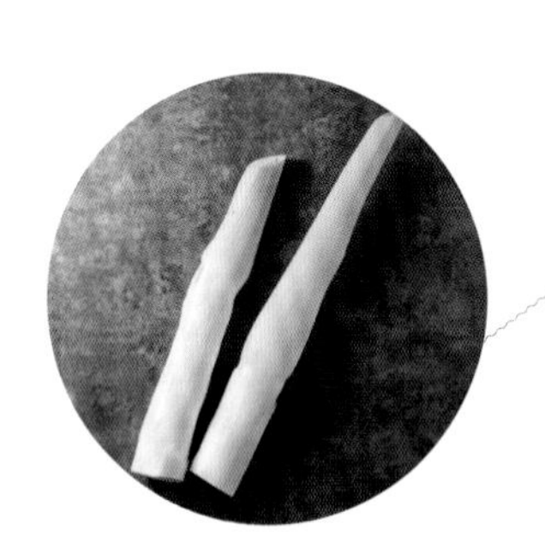

糟溜茭白魚糕 / 130

茭白

茭白在各地名字很多，有茭筍、高筍、茭瓜、茭苞等。茭白是菰米膨大的莖，菰米古稱雕胡米，現稱野米，已不大食用，並且能夠結實採收菰米的「開花茭」已少有種植，而茭白作為蔬菜被更多人喜愛。

香芋扣肉 / 132

芋頭

與紅薯、馬鈴薯等塊根不同，芋頭是芋的短縮莖，是養分堆積形成的肥大肉質球莖，也稱芋母或母芋，芋艿或芋兒是芋母的腋芽。

秋分 水鄉風味

水芹炒香乾

30 分鐘 簡單

主料

水芹 300 克
五香豆腐乾 3 塊（約 50 克）

輔料

油 2 湯匙　　　鹽 1 茶匙
乾紅辣椒 2 隻

烹飪要訣

- 水芹易熟，快炒即可。
- 如沒有水芹，芹菜摘嫩尖也可。

特色

江南水鄉蘇州的秋季風物「水八仙」中，有極貴的雞頭米（新鮮芡實），也有極廉的水芹菜，水芹炒香乾，或清炒水芹，是水鄉人的最愛。

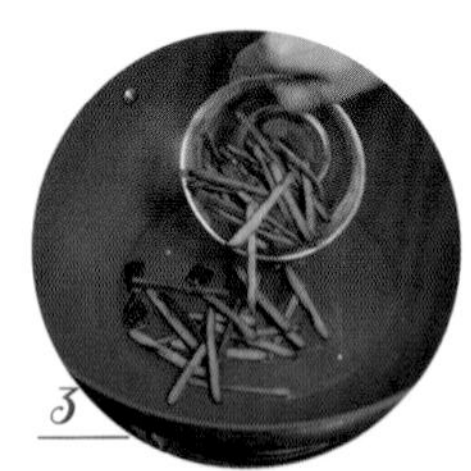

做法

1. 水芹摘去老梗、黃葉，洗淨，切長段。
2. 豆腐乾切成細絲；乾辣椒剪成段，去籽。
3. 炒鍋燒熱油，放乾辣椒段爆至棕紅色，下豆腐乾炒香。
4. 下水芹段炒至軟身，放鹽，翻勻即成。

營養貼士

芹菜含芹菜苷，可軟化血管。民間常說多吃芹菜可緩解高血壓，但日常食用的量少，效果有限。不過多吃芹菜，可攝入足夠的維他命和膳食纖維，確實對心腦血管疾病有一定的預防作用。

秋分

秋刀魚的滋味

鹽烤秋刀魚

20 分鐘 簡單

主料

秋刀魚 1 條　　檸檬 1 角

輔料

鹽 1 茶匙　　迷迭香 2 小枝
油少許

烹飪要訣

- 秋刀魚油脂含量豐富，不必再用油，在烤架上刷油，是為了避免魚皮黏在烤架上，取下時影響美觀。
- 沒有迷迭香，也可用百里香、羅勒代替，不用也可以。

特色

秋刀魚形如一柄長而窄的日本刀，新鮮度高的秋刀魚通體銀光閃閃，不愧此名。

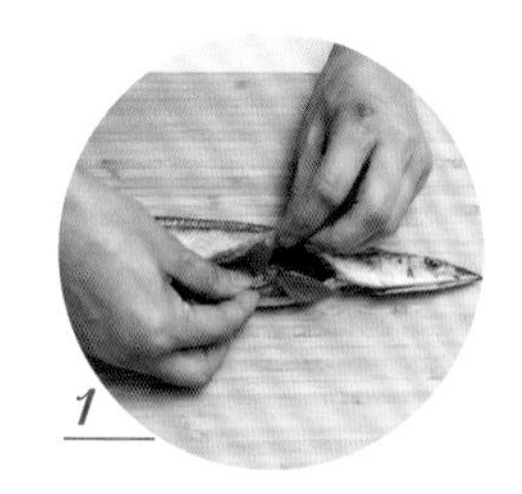

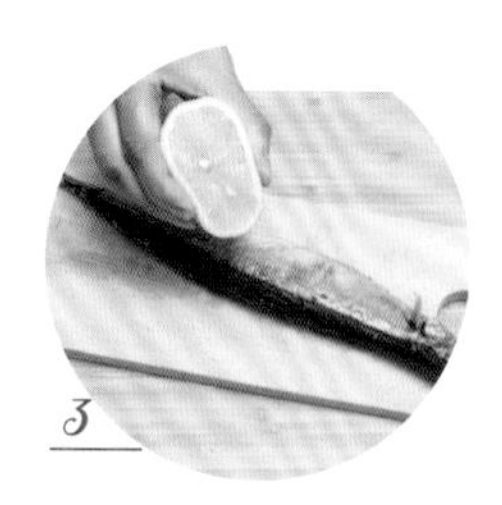

做法

1. 秋刀魚洗淨，去腸、去鰓，用鹽抹勻，醃 10 分鐘。迷迭香洗淨，放進魚腹。
2. 焗爐預熱至 200℃，烤架上刷少許油，放上秋刀魚，上下火烤 10 分鐘即成。
3. 吃時擠上檸檬汁。

營養貼士

秋刀魚帶個秋字，説明此魚至秋便是最佳「食機」。此時的秋刀魚最是肥美，富含油脂以及 EPA、DHA，EPA 和 DHA 可預防高血壓和動脈硬化。

秋分

似筍非筍

糟溜茭白魚糕

30 分鐘　中等

特色

茭白又叫茭筍，名字有筍，卻不是筍，但有筍之鮮。筍出於春，茭出於秋，以茭之鮮，補秋之味。

主料

茭白 2~3 條　魚糕 50 克
木耳 5 朵　乾金針菜 10 克

輔料

香糟滷 80~100 克
雞湯或高湯 100 毫升
澱粉 3 湯匙
豬油 1 湯匙
細香葱 3 棵

烹飪要訣

- 香糟滷超市有售。不喜此味的，可參考「驚蟄」節氣的油燜竹筍，用同樣方法製作油燜茭白。
- 香糟滷有足夠鹹味，嘗好鹹淡，適當放鹽。如覺香糟味道過濃，可少放。
- 用此方法可做糟溜魚片、糟溜蝦仁、糟溜冬筍、糟溜蒲菜等。
- 魚糕是湖北食品，以魚肉及其他製成，如沒有魚糕，可用魚丸切片代替。

做法

1. 木耳和乾金針菜用溫水泡發，摘去老梗，洗淨，木耳撕成小片，金針菜切成兩段。
2. 茭白剝去外殼，削去老頭，拍鬆，順長豎切成稍厚的片，再切段。
3. 魚糕切同樣大小厚薄的片。細香葱洗淨，切成葱花；澱粉用少許清水調勻。
4. 鍋內加清水 100 毫升和雞湯煮開，放入茭白、魚糕片、木耳、金針菜。撇去浮沫，放入香糟鹵，小火煨 5~10 分鐘，至茭白入味。
5. 慢慢倒入水澱粉推勻，勾成薄茨，淋入豬油，倒入湯碗，撒上葱花即可。

營養貼士

茭白含有大量的糖、氨基酸和硫化合物，糖使茭白味道甘甜，氨基酸帶來鮮的味道，硫化合物是人體構成細胞蛋白、組織液和各種輔酶的重要成分，可維護大腦功能正常、促進腸胃的消化吸收及增強人體的抵抗力等。

秋分

來自澱粉和脂肪的極大滿足

香芋扣肉

2 小時　高等

主料

五花肉 1 塊（約 500 克）
荔浦芋頭 1 個（約 500 克）

輔料

醬油 1 湯匙	糖 1 湯匙
薑 1 小塊	花椒 1 小把
油 100 克（實耗 5 克）	
生抽 1 湯匙	老抽 1 湯匙
料酒 2 湯匙	鹽 1 茶匙

烹飪要訣

- 扣肉看似複雜，總結下來的步驟就是煮肉、上色、走油、切片、炒肉、碼碗、上籠蒸。
- 同樣的方法，也可做成梅菜扣肉：炒肉之後，把洗淨的梅菜放進鍋炒一下，在碼碗之後，蓋上梅菜，其他做法相同。

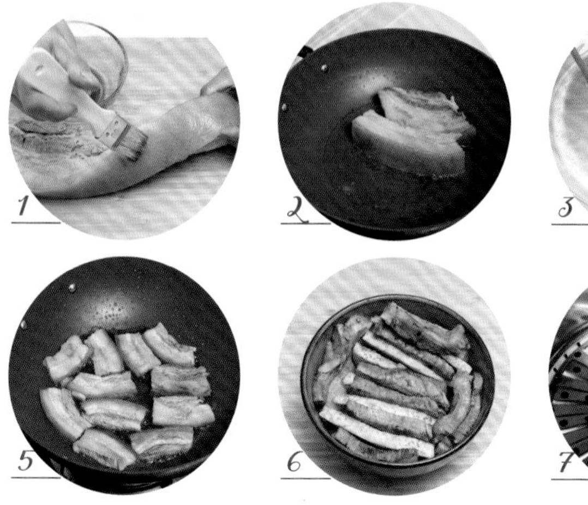

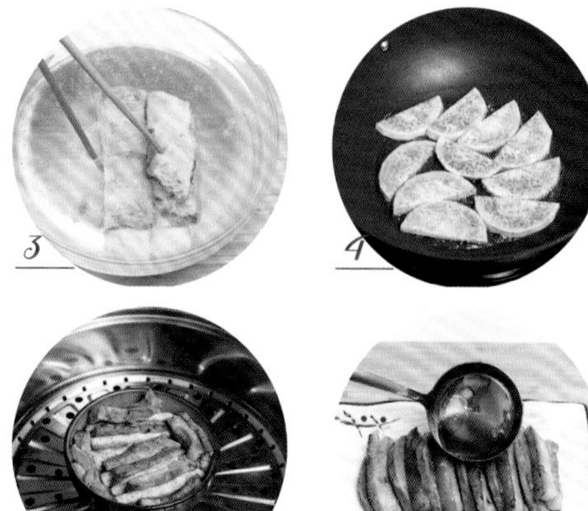

做法

1. 五花肉刮淨肉皮，洗淨，放冷水鍋，加 1 小塊拍破的薑、料酒，煮至八成熟。撈出，趁熱在肉皮上抹上醬油，放 10 分鐘，自然冷卻，吹乾水分。
2. 肉皮上用牙籤紮滿小洞，放在油鍋炸至肉皮起泡，變成焦糖色。
3. 撈出，肉皮朝下浸在冰水。冷卻後拿出，冷藏 1 小時，再切成 1 厘米寬的厚片。
4. 芋頭去皮，切成 1 厘米厚的大片，下油鍋炸 2 分鐘，取出。
5. 鍋內油倒出，餘油下切好的肉片，用生抽、老抽、糖、鹽、料酒、薑片、幾粒花椒炒 2 分鐘。

營養貼士

芋頭的植物蛋白中有一種黏液蛋白，有提高人體免疫力的功能，配上富含動物蛋白的五花肉，營養更全面。

6. 按照一片芋頭、一片肉片的次序排好，裝在深碗內，肉皮朝下，碼放整齊，塞緊。
7. 炒肉餘下的湯汁澆在碗內，蒸 1.5 小時以上，至肉爛芋酥。
8. 取出碗，把湯汁倒在炒鍋裏，中火熬至濃稠。把香芋扣肉倒扣在深盤，淋上湯即成。

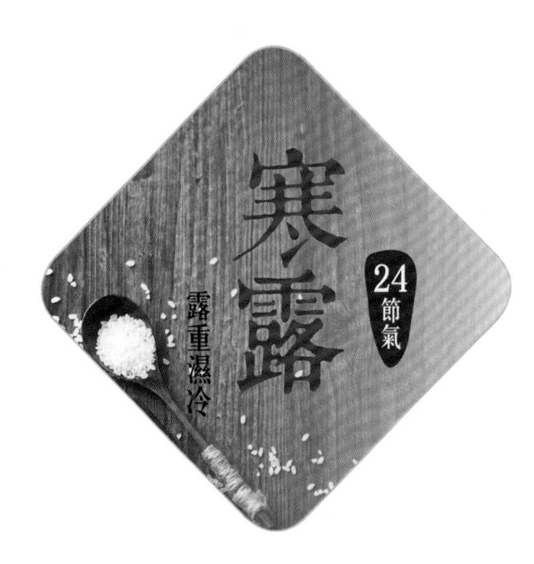

寒露驚秋晚，
朝看菊漸黃。
千家風掃葉，
萬里雁隨陽。
化蛤悲群鳥，
收田畏早霜。
因知松柏志，
冬夏色蒼蒼。

秋來豐收，五穀百果，即貼秋膘（吃肉類補身），再食重陽糕。多食易致胃漲，難以消化，食之不可過飽，飲酒不可過量。
此時早晚溫差大，夜間風露冷，外衣披風，記緊添加。

美食薦新

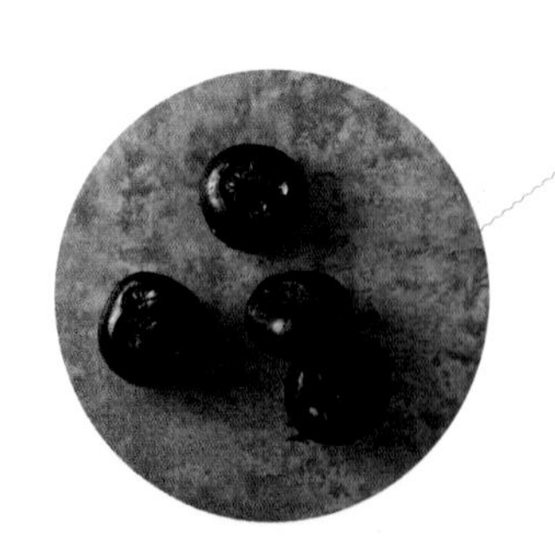

馬蹄菱角燴雞頭米 / 136

馬蹄各地叫法多有不同，華南叫馬蹄，北方叫荸薺，西南和中南叫蒲清兒，江南叫地栗，古代稱鳧茈。馬蹄則是古越音的音譯，意思是「地下的果子」，和吳語區的地栗是一個意思。

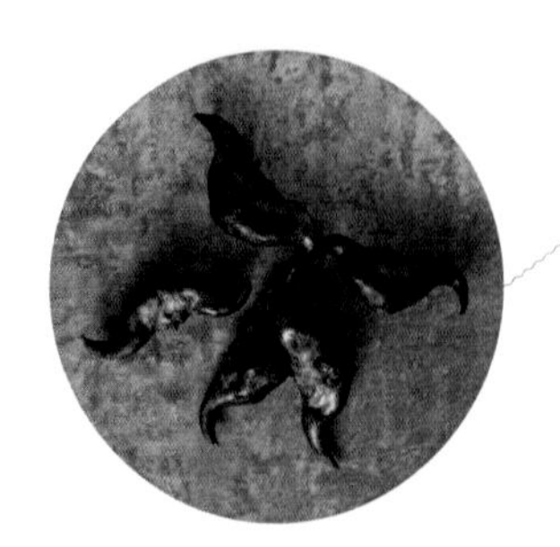

馬蹄菱角燴雞頭米 / 136

菱有四角菱、兩角菱、無角菱，這是按角分；按顏色分有水紅菱、雁來紅、鸚歌、綠菱（餛飩菱）、烏菱，極大的有蝙蝠菱，極小的有野菱等，不管哪種菱，鮮嫩時清甜、水靈，老熟後口感發麵，生鮮的菱可以生吃、炒菜，老熟的菱白水煮熟，當零食和茶點。

一候鴻雁來賓

白露時分，北極圈的鴻雁早飛，先來為主；寒露時分，西伯利亞的鴻雁後發，遲來為賓。

二候雀入大水為蛤

與「龍抬頭」是指東方青龍七星北抬高出地平線一樣，「雀」是指南方朱雀七星的「井」星向西移動到了海面上，潮水位降低，海灘上滿是文蛤。

三候菊有黃花

菊有五色，黃白紅紫墨，以黃為正色。對應五行，以金喻秋，黃菊正是秋色。

寒露曰寒，比白露更冷，露氣寒冷，即將凝結，民諺有謂：寒露寒露，遍地冷露。露氣轉寒，是為寒露。每年公曆 10 月 8 日前後交節，中國大部分地區微露寒意。不論南方北方，人體感覺舒適。

寒露文化和習俗

寒露也稱九月節。古代天文學認為，東方青龍七星裏的角星朝向東方，即是寒露。龍行興雨，寒露節氣到時，雨氣已盡，化為露。整個秋季，就是雨收露凝的過程：暑已處，下白露；秋平分，結寒露；霜既降，遂立冬。至而冬天，水氣盡消，露霜為雪。通常寒露節氣和重陽節接近。重陽賞菊是慣例，從九月一日起，明朝皇宮就安排進獻菊花，宮眷內臣自初四日換羅衣，胸前的裝飾也是菊花圖案。尋常人家在重陽節要帶上酒菜，出城登高，賦詩飲酒，烤肉分糕。

白灼芥蘭 / 137

芥蘭

芥蘭和圓白菜、花菜（或叫菜花、椰菜花）、西蘭花、孢子甘藍、芥蘭頭一樣，都是十字花科芸薹屬甘藍家族的成員。

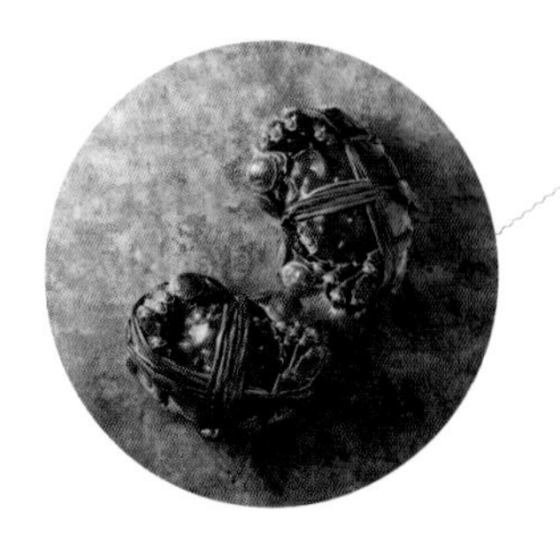

清蒸大閘蟹 / 138

大閘蟹

大閘蟹的正名是中華絨螯蟹，以有一對毛茸茸的前螯而得名，一般也稱毛蟹、螃蟹等，各地湖泊、水澤、稻田中都有，因長期培育，技術領先，水質地理等各方面因素，蟹肉品質以蘇南地區的為好，如陽澄湖、固城湖、溱湖、太湖、長蕩湖等。九雌十雄，農曆九月雌蟹堆黃，農曆十月雄蟹膏滿，農曆十一月以後蟹黃板結，口感差一些。

寒露

荷塘小炒

馬蹄菱角燴雞頭米

30 分鐘　簡單

主料

雞頭米（新鮮芡實）50 克
馬蹄 10 個　　菱角 6 個
蓮藕 50 克　　秋葵 2 條
紅蘿蔔 1 個　　木耳 3 朵
青豆 20 克

輔料

油 2 湯匙　　鹽 1 茶匙
蒜 2 瓣　　澱粉 1 湯匙
鮮醬油 1 茶匙

烹飪要訣

- 所有食材可任意替換，缺幾樣都不要緊。
- 超市有冰凍的材料出售，沒有可以不放。
- 雞頭米不可久煮，一滾即起。

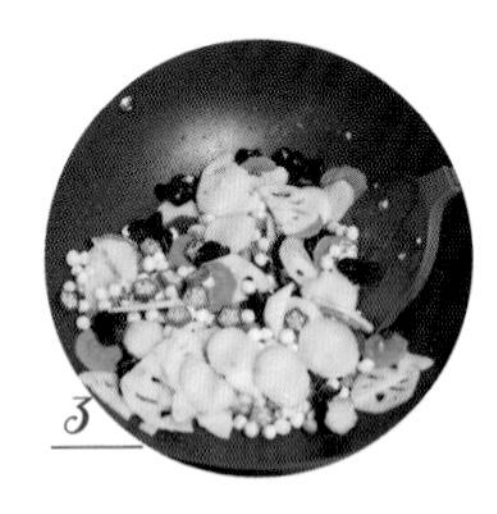

做法

1. 馬蹄、菱角、蓮藕、紅蘿蔔洗淨，去皮，切片。秋葵用鹽搓去表皮茸毛，灼水，切片。木耳用溫水泡發，去硬蒂，洗淨，撕成小塊。
2. 所有食材分別放入沸水灼燙 2 分鐘，撈出瀝乾。
3. 蒜切成末，放油鍋裏爆香，下所有食材炒勻（雞頭米除外），加少許水煮滾，放鹽調味，放入雞頭米翻勻。
4. 澱粉加清水調勻，慢慢倒入鍋中，勾芡。淋上鮮醬油翻勻即成。

特色

馬蹄長於沼地，菱角生於水底，雞頭米挺出水面，這三樣都是秋日池塘淺澤所出，蘇州所謂「水八仙」，這道菜佔了三款。

沒有最簡單，只有更簡單

白灼芥蘭

20 分鐘　簡單

主料

芥蘭 250 克

輔料

蒜 2 瓣　小米辣（紅辣椒）1 隻
生抽 2 湯匙　油 1 湯匙
鹽少許

烹飪要訣

- 水內放幾滴油和鹽，使芥蘭更加青綠。
- 沒有小米辣可以不放。

特色

對一條新鮮魚的最高禮讚是清蒸，對一把新鮮蔬菜的最高禮讚是白灼。唯有白灼，可以吃出芥蘭的鮮甜。

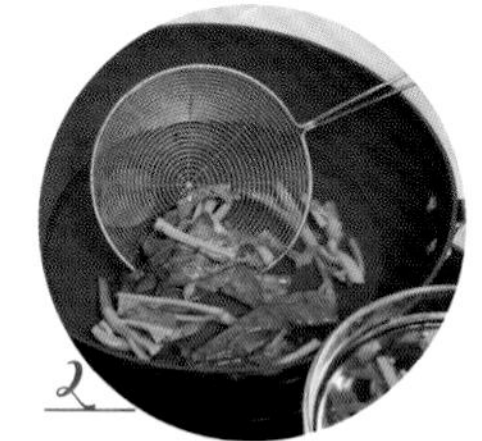

做法

1. 芥蘭去掉黃葉、老梗，削去硬皮，洗淨，粗的一剖為二，長的切為兩段。
2. 煮一鍋水，放幾滴油、少許鹽，水開後放芥蘭燙熟。
3. 撈出過涼水，上碟，蒜拍破、切碎，放在芥蘭上。
4. 燒熱油，小米辣切碎爆香，淋在蒜蓉芥蘭上，澆上生抽即可。

營養貼士

芥蘭葉子顏色濃綠，意味着光合作用多，營養素含量也更高，其中的維他命 C、B 族維他命、胡蘿蔔素、鎂、鉀等，含量都很高。芥蘭中含有有機鹼，這是芥蘭微帶苦味的原因，有機鹼能刺激人的味覺神經，促進胃腸蠕動。

寒露 蕭瑟秋風今又是

清蒸大閘蟹

30 分鐘　簡單

主料

大閘蟹數隻

輔料

蟹醋 50 克　薑 1 大塊
紫蘇葉幾片

烹飪要訣

- 蟹有大小，每隻 100 克的至少蒸 18 分鐘；150 克以上的蒸 20 分鐘；200 克以上的蒸 25 分鐘。
- 紫蘇沒有可以不放。
- 蒸蟹時不要解掉捆蟹的繩子，以免蟹受熱掙扎時蟹腳折斷，味道流失。

特色

大閘蟹是少數不用任何佐料都好吃的食物，所謂潑醋擂薑，不過是助興，而非助味。

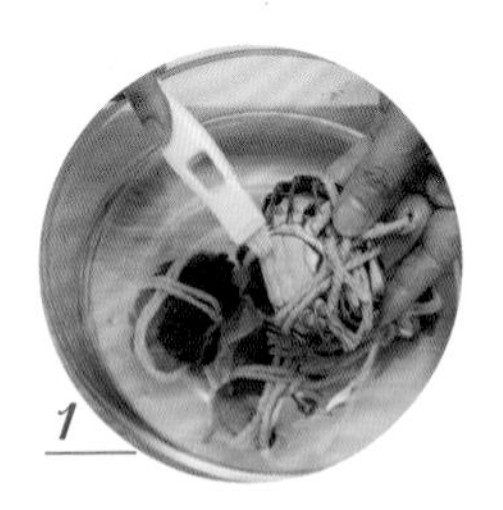
1

2

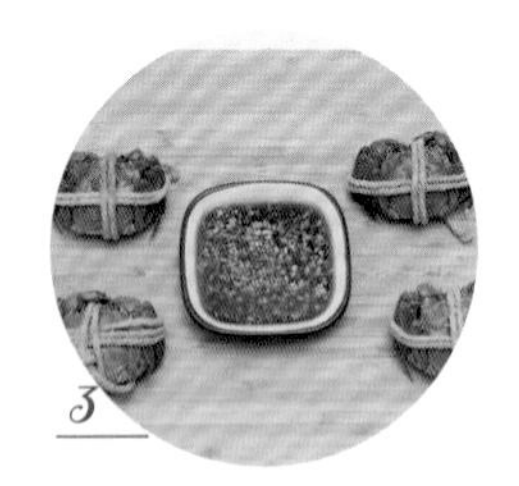
3

做法

1. 大閘蟹用刷子刷淨螯毛、肚腹、背殼、爪腳，肚皮朝上，放薑 1 片，紫蘇 1 片。
2. 放入蒸籠蒸 18~20 分鐘即可。
3. 薑切碎末，倒入蟹醋拌勻，隨蟹盤上碟。

營養貼士

蟹中含有維他命 A，對皮膚有幫助；對患有佝僂病的兒童、骨質疏鬆的老年人也能起到補充鈣質的作用。

主料

蟹肉、蟹腿、蟹黃、蟹膏等 50 克
粉絲 1 小把（約 30 克）

輔料

豬油 2 湯匙	鹽 1 茶匙
胡椒粉少許	料酒 2 湯匙
蟹醋 1 湯匙	薑 1 小塊
葱花少許	

烹飪要訣

- 頭一天吃蟹時留下的蟹腳、蟹螯等，可以用來炒成蟹粉，如果蟹肉夠多，可以多加豬油，熬乾水分，放在玻璃瓶冷藏，可保鮮一個月以上。
- 炒好的蟹粉可燒豆腐、炒粉絲、拌麵條、煮白菜，都是提鮮的妙物。

1

2

3

4

做法

1. 薑去皮、切末；粉絲用溫水泡軟，剪成段。
2. 炒鍋加熱，融化豬油，放蟹肉、蟹腿、蟹黃、蟹膏炒香，放薑末、料酒、蟹醋、鹽炒成蟹粉。
3. 加清水 100 毫升煮開，放泡軟的粉絲，煮 5 分鐘入味。
4. 放入胡椒粉翻勻，撒上葱花即可。

營養貼士

蟹宜熱吃，稍冷便差一些，過夜則風味盡失。蟹肉高蛋白、低脂肪，還擁有豐富的微量元素，對身體有一定的滋補作用。

風卷清雲盡，
空天萬里霜。
野豺先祭月，
仙菊遇重陽。
秋色悲疏木，
鴻鳴憶故鄉。
誰知一樽酒，
能使百秋亡。

天氣轉涼，心血管疾病會有些症狀出現，控制飲食，少吃油膩，調整用藥，關注血壓。

此時宜早睡晚起，醒來後可在床上繼續靠躺半小時，幫助喚醒身體。

慈姑也常寫作茨菰，《本草綱目》說：「慈姑，一根歲生十二子，如慈姑之乳諸子，故以名之。」名字是從生長的形態而來，有點像大蒜頭，七八瓣圍着一根柱子長。慈姑霜降後採收，新鮮慈姑可以清炒、炒肉、紅燒等。

咖喱紅蘿蔔馬鈴薯燒雞 / 144

紅蘿蔔以高營養而聞名，作為根莖類蔬菜，營養都貯存在膨大的根莖裏。紅蘿蔔的胡蘿蔔素進入人體可合成維他命 A，也是視紅素的前體，多吃紅蘿蔔對眼睛很有好處。

一候豺乃祭獸

雨水獺祭魚，處暑鷹祭鳥，霜降豺祭獸，都是指食物鏈上層在某個季節有大量食物來源，多到吃不下，陳列布食，狀似祭祀。

二候草木黃落

夜間溫度低至 3 度左右，樹葉的花青素受強冷刺激由青綠變紅黃，紅葉天，黃葉地，秋景無邊。

三候蟄蟲鹹俯

所有昆蟲銷聲匿跡，夏天肆虐的蒼蠅蚊子等也都偃旗息鼓，偶爾有幾隻頑強的停在牆角過冬，以待來年。

霜降是秋季的最後一個節氣，每年公曆 10 月 23 日左右交節，此時北方有些地方地面溫度下降至 0℃以下，空氣中的水氣在地上或植物上凝結成冰針，遠望一層白霜。

霜降文化和習俗

秋屬金，秋氣肅殺，象徵軍威。霜降一候豺祭獸，表示田獵的季節到了。古代田獵活動也是軍事活動，霜降之日，軍中祭旗。明朝初年，南京建有旗纛廟，廟中設軍牙六纛神位，每年驚蟄、霜降之日，元帥致祭，用牛、羊、豬三牲，稱「太牢」。祭祀那天，都指揮使穿戎服率下屬行禮，祭祀完畢，士兵張列軍器，前面金鼓引導，繞街迎賽，稱為「揚兵」。

紅燒牛肉 / 145

牛肉

一般說的牛肉是黃牛的肉，是養殖的肉牛，而非耕牛。肉牛經過育肥，飼以穀物和草料，以增加更多的肉，比耕牛更嫩、脂肪更多。牛肉的消費佔肉類第三，第一是豬肉，第二是禽類。

芽苗菜拌核桃仁 / 146

核桃

核桃又叫胡桃、羌桃，從西北地區慢慢向中原延伸，後來遍佈整個中國。核桃在秋天成熟，新鮮核桃香甜甘脆，做涼拌菜能增色不少。

慈姑燒肉

60 分鐘　簡單

特色

慈姑微帶清苦的香味，有遙遠家鄉的記憶。

主料

帶皮五花肉 1 塊（約 400 克）
慈姑 300 克

輔料

油 1 茶匙	老抽 1 湯匙
生抽 2 湯匙	料酒 2 湯匙
陳醋 1 茶匙	鹽 1 茶匙
糖 1 湯匙	薑 1 小塊
花椒 10 粒	八角 1 粒

烹飪要訣

- 肉皮用乾鍋炙燙，可破壞皮中汗腺，灼水之後，肉更鮮美。
- 秋季慈姑上市，用慈姑燒肉，在別的季節可換成當季食材，如馬鈴薯、蓮藕、山藥、竹筍、蘿蔔、芋艿、冬瓜、豆腐乾、冬菇、百頁結、水麵筋、鳳眼果、板栗等。

做法

1. 乾鍋燒熱，五花肉皮朝下，在鍋內擦成焦黃色，刮去焦黑，洗淨，切成小塊。
2. 煮一鍋清水，放肉塊和 1 湯匙料酒煮開，撇去浮沫，沖淨，瀝乾水分。
3. 鍋內燒熱油，放肉塊中火炒香，炒至出油，肉塊變色微黃。
4. 下老抽、生抽、鹽、醋、糖、料酒、薑、花椒、八角炒至上色。
5. 加水蓋過肉面，大火煮開，小火燜 1 小時。
6. 慈姑削去老皮和根，切成小塊，放入拌勻，繼續燜燒半小時以上。
7. 燜至肉爛入味，慈姑軟糯，收乾湯汁即可。

營養貼士

慈姑的磷含量遠遠高於其他蔬菜。磷和鈣是人體必需的礦物質，是骨骼的組成部分，缺磷還會導致攝入的蛋白質無法轉化為能量。現在大多數人已經注意到補鈣的重要性，但對磷的重視程度還不夠。

咖喱紅蘿蔔馬鈴薯燒雞

60 分鐘 中等

主料

光雞半隻（約 500 克） 紅蘿蔔 2 個
馬鈴薯 1 個（中型）
紫皮洋葱 1 個（小） 青豆 50 克

輔料

咖喱塊 1 塊（約 100 克）
油 3 湯匙 薑 1 小塊
鹽 2 茶匙 料酒 1 湯匙
花椒 10 粒 乾辣椒粉 1 茶匙

烹飪要訣

- 配菜可隨意添換，紅蘿蔔、馬鈴薯是標配。
- 辣椒粉可放可不放。日本出產的咖喱塊較甜，覺得不夠辣的可放東南亞的咖喱醬，因較辛辣，可適當放點糖。
- 咖喱塊有足夠鹹味，雞塊和配菜如果不多，可不必加鹽，如多加配菜，可酌加些鹽。

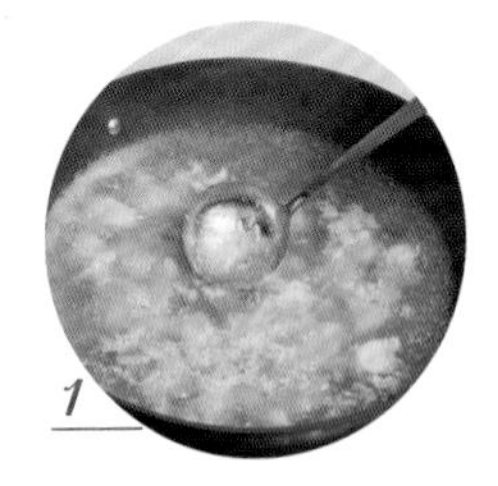

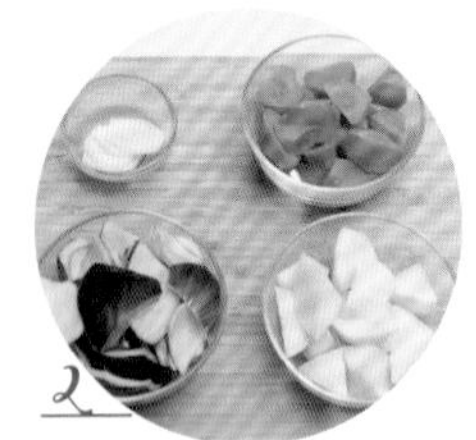

做法

1. 光雞洗淨，剁成小塊，用料酒、花椒、1 茶匙鹽醃 30 分鐘以上。煮一鍋清水，放雞塊煮開，撇去浮沫，沖淨，瀝乾。
2. 洋葱去皮，切大片；紅蘿蔔去皮，切滾刀塊；馬鈴薯去皮，切小塊；薑去皮，切片。
3. 炒鍋燒熱油，放雞塊炒乾水分，炒至變色微黃，放薑片、乾辣椒粉炒出香味，煸出雞油。放洋葱炒至半透明，放紅蘿蔔、馬鈴薯炒勻，放 1 茶匙鹽炒入味。加清水蓋過食材表面，咖喱塊掰開，放入湯內，大火燒開，攪拌均勻，至咖喱塊完全化開。
4. 轉小火加蓋燜 30 分鐘以上，開蓋放入青豆，攪拌均勻，加蓋轉大火收汁。可配熱米飯或麵餅等食用。

特色

市售的咖喱塊，辛辣味少而甜味增加，這是經日本人改良的咖喱，離正宗的印度風味差得很遠了。

主料

牛腩或牛腿肉 600 克
白蘿蔔 400 克

輔料

郫縣豆瓣醬 1 湯匙
花椒 1 小把
桂皮 1 片
薑 1 小塊
油 3 湯匙
老抽 1 湯匙
陳醋 1 湯匙
鹽 1 茶匙
乾辣椒 5 隻
八角 1 粒
香葉 3 片
蒜頭半個
料酒 2 湯匙
生抽 2 湯匙
糖 1 茶匙
芫茜 1 把

營養貼士

牛肉富含蛋白質、維他命 B_6、維他命 B_{12} 及鉀、鐵、鋅、鎂等礦物質，鐵含量尤其高，想在日常飲食中補血，可多吃牛肉。牛肉中的肌氨酸含量比任何其他食品高，可增長肌肉、增強力量。

做法

1. 牛腩切大塊，放清水鍋內，加 1 湯匙料酒煮開，撇去浮沫，沖洗乾淨。
2. 薑去皮，拍破，粗切兩刀；蒜去皮；乾辣椒剪成段。
3. 炒鍋燒熱油，放薑片、蒜瓣、乾辣椒段、豆瓣醬、花椒炒香，炒出紅油。下牛肉塊炒香，放老抽、生抽、陳醋、糖、鹽，炒上色。
4. 加清水 1 公升煮開，放桂皮、八角、香葉、剩餘料酒煮開，加蓋，小火燉 2 小時以上。蘿蔔去皮，切成 2 厘米厚的塊，放入煮 30 分鐘以上。吃時撒上芫茜葉。吃剩的牛肉湯，可煮成牛肉麵。

特色

全國各地都有自家的紅燒牛肉大法，但只有用辣椒蠶豆發酵而成的郫縣豆瓣醬炒過的紅燒牛肉，才是正宗的味道。

霜降

桃仁如玉潤

芽苗菜拌核桃仁

40 分鐘　簡單

主料

新鮮核桃 250 克　　芽苗菜 100 克

輔料

橄欖油 1 茶匙　　鹽 1 茶匙

烹飪要訣

- 選用芽苗菜可隨意，市場有什麼買什麼。豌豆苗、蘿蔔苗、花生苗、香椿苗都可以。花生苗需灼水，其他芽苗菜可生食。

做法

1. 核桃去殼，剝出核桃仁，開水泡 20 分鐘，用牙籤挑去核桃肉上的褐色表皮。
2. 芽苗菜用純淨水洗淨，瀝乾水分。
3. 放上核桃仁，加油、鹽拌勻即可。

特色

乾核桃什麼時候都能吃到，但新鮮核桃上市日極短，過了季就沒有了。新鮮核桃仁的清香，非吃過不知道也。

營養貼士

按中國膳食指南，堅果平均每天攝入 10 克即可，每天 7.5~15 克的生核桃仁達到對血脂的保健作用，16 克堅果即可降低糖尿病風險。

Chapter 4

冬

冬風凜冽，保暖積藏。
起於立冬，止於大寒。

「冬雪雪冬小大寒」，本季6節為立冬、小雪、大雪、冬至、小寒、大寒，跨度陽曆11月至來年1月。每年陽曆11月7日前後立冬，一年當中最冷的季節開始了。

霜降向人寒，
輕冰淥水漫。
蟾將纖影出，
雁帶幾行殘。
田種收藏了，
衣裘製造看。
野雞投水日，
化蜃不將難。

冬天曬太陽，有個專用的詞，叫「負暄」，找個避風向南的地方，背朝太陽坐着，讓太陽曬在背上，即避免直射眼睛，又暖和了身體，促使人體合成維他命 D。

冬日門窗緊閉，空氣不流通，容易引發感冒，天氣晴好，宜開窗換氣。

菜燒獅子頭 / 150

小棠菜

小棠菜是上海培育的青菜品種，小棠菜葉子碧綠，梗子雪白，真正一清二白。越冬前後的叫大青菜，簡稱大菜。大青菜白色的梗子只有一兩寸長，厚倒有半寸，葉子寬大如扇，這種矮腳青菜經冬之後最為甘甜味美。

茼蒿又名蓬蒿，菊科茼蒿屬。茼蒿有菊科植物普遍都有的菊花的清香，燙火鍋時一般都會配一份茼蒿，涮食以消肉膩。茼蒿於 9 月下種，冬季及下一年春季採食，此時的茼蒿莖葉肥嫩。茼蒿的花為深黃色，多地都把茼蒿作為觀賞花卉，作為花壇佈置，甚為美麗可愛。

一候水始冰

黃河流域以北，此時水面溫度降到零度以下，到達冰點，水滯而冰凝，靜止的水面上結了薄薄一層冰。

二候地始凍

水遇冷結冰，泥土含水，地面同樣冰凝。地凍草枯，天氣從肅爽轉為蕭瑟。

三候雉入大水為蜃

雉是野雞，蜃是大蛤，一名硨螯。雉入大水為蜃，與寒露二候的「雀入大水為蛤」相呼應。指南方朱雀七星中的柳星（柳原作味，指鳥嘴，此處用雉代替）西移至海平面以上，海水退潮更低，看得見海床上的硨螯。

每年公曆 11 月 7 日前後立冬，北風正式吹響嚴冬的號角，水始冰、地始凍，南方卻溫暖如春，十月小陽春，海棠、梨花再次開放，十月櫻進入花期。冬是一年之終，萬物收藏，顆粒歸倉，準備過冬，一年當中最冷的季節開始了。冬風凜冽，保暖積藏。

立冬文化和習俗

立冬又叫十月節。皇帝帶領三公九卿大夫出北門，往北郊，迎冬氣。立冬之後，季節進入冬天，在古代農業社會，北方土凍水冰，無法進行耕作勞動，於是百工歇業，祭祀先祖。

十月初一又叫十月朔，俗稱「寒衣節」，為過世的先人親人送寒衣。用紙剪成五色衣服，寫上逝者名字，晚間夜祭之後，焚燒送衣。

栗子飯 / 152

板栗是中國原生樹種，全國各地都有，很早就收入食譜，不是乾果，而是糧食。板栗富含澱粉，味道甘甜，飽腹感強，作為主食可替代一部分精米白麵，營養價值很高。

蘿蔔燴羊糕 / 153

羊肉有山羊肉和綿羊肉之分，一般市場所售以綿羊肉為多。綿羊肉比山羊肉脂肪含量高，口感細膩油潤；但山羊肉所含膽固醇比綿羊肉低。山羊肉適合清燉、紅燒、咖喱；綿羊肉適合燙涮和烤羊排、烤羊肉串。

菜燒獅子頭

60 分鐘　簡單

主料

豬肉碎 500 克
馬蹄 250 克
小棠菜 600 克
蘑菇 250 克

輔料

薑 1 小塊
料酒 2 湯匙
大葱 2 段
鹽 1 茶匙
生抽 1 湯匙
胡椒粉少許
醬油 2 湯匙
糖 1 茶匙
八角 1 粒
油 500 克（實用 5 克）

烹飪要訣

- 肉丸一次可多炸一些，放在冰箱冷凍保存，方便下次取用。
- 小棠菜選植株矮壯的，菜幫（白色部分）越短，口感越糯。
- 只可加蓋一次，開蓋再蓋，菜葉發黃，影響美觀。

做法

1. 薑去皮，切成末；葱拍破，用清水 100 毫升浸泡出葱汁。豬肉碎放薑末、葱汁、料酒、生抽、鹽、胡椒粉，朝一個方向拌勻帶黏。馬蹄洗淨，削去皮，拍碎，略切幾刀，放入肉碎拌勻。
2. 燒熱油，把拌好的肉漿做成大小的肉丸，放進油鍋裏，炸成金黃色的丸子。
3. 菜洗淨，切塊；蘑菇洗淨。炒鍋放 1 茶匙油，下菜炒至剛熟。放炸好的肉丸子和蘑菇翻炒均勻，加清水 500 毫升、醬油、糖、八角煮開。
4. 煮 10 分鐘，至青菜軟爛、肉丸成熟、蘑菇收縮即可。

特色

菜燒獅子頭，菜是青菜，青菜不是泛指綠色蔬菜，而是指小棠菜的大青菜；獅子頭自然不是真獅子，而是油炸大肉丸。

主料

火鍋用牛肉片或肥牛片 250 克
滷水豆腐 1 塊（約 300 克）

新鮮冬菇 5~8 朵	金針菇 250 克
魔芋絲 1 小盒	大葱 1 棵
茼蒿 300 克	海帶 1 小片
烏冬麵 1 小包	

輔料

油 2 湯匙	料酒 2 湯匙
糖 1 茶匙	日式醬油 2 湯匙
鹽 1 茶匙	雞蛋 1 個

烹飪要訣

- 配料中的料酒和糖是為了調配出味醂的味道，即日式甜料酒；如果有現成的味醂可直接使用。日式醬油也可用蒸魚豉油或生抽代替。
- 若不習慣用生雞蛋作為蘸料，可換成魚露加小米辣（紅辣椒）。

立冬 咕嘟呷哺熱氣湧

壽喜鍋

50 分鐘　中等

1

2

做法

1. 海帶加 500 毫升清水煮 15 分鐘，做成日式昆布高湯。滷水豆腐切成 1 厘米左右的厚片，用油煎至兩面微黃。大葱斜切成片；金針菇切去老根，洗淨；冬菇剪去蒂，洗淨；茼蒿摘去老梗，洗淨。壽喜鍋放油燒熱，放上一層牛肉片，煎至肉片收縮出油，加糖、料酒、1 湯匙日式醬油、大葱片煎香。圖 1
2. 把煎好的牛肉片撥到鍋邊，依次放上煎豆腐、金針菇、冬菇、魔芋絲、茼蒿，淋上 1 湯匙日式醬油，倒入昆布高湯，加蓋煮 3~5 分鐘至湯滾。如不夠鹹，可加少許鹽。圖 2
3. 進食時，以生雞蛋蘸食。蔬菜和牛肉吃完，剩下的湯可煮烏冬麵作為主食。

特色

壽喜鍋是日本風味的小暖鍋，以少量牛肉片為輔，主打是茼蒿菜和豆腐，倒像是專為吃茼蒿菜而設計的。

立冬 風乾栗子滋味足

栗子飯

50分鐘 簡單

主料

五花肉 1 塊（約 250 克）
紫洋葱 1 個　　去殼栗子 200 克
青豆 50 克　　大米 200 克

輔料

油 1 茶匙　　醬油 2 湯匙
糖 1 茶匙　　鹽 1 茶匙
料酒 1 湯匙　　薑 1 小塊

烹飪要訣

- 五花肉煸炒後出油，鍋內先放油是為了滑鍋，防止黏底，因此油不必多放。
- 栗子吸水，在正常煮飯放水量之外，要多加適量的水量。

做法

1. 栗子去衣，煮至八成熟。取出用刀面略壓，不必太碎，大的切成粒。
2. 五花肉洗淨，切成骰子大小丁狀。洋葱剝去老皮，切成碎末；薑去皮，切成末。
3. 炒鍋放油燒熱，下五花肉丁煸炒出油，放薑末、料酒、鹽炒香。放洋葱炒至半透明，放入壓碎的栗子、醬油、糖炒勻，燜 2 分鐘後關火，繼續煮 5 分鐘。
4. 大米淘洗乾淨，放入電飯煲，加入比平時煮飯稍多的水。再放入炒好的肉和栗子丁，加青豆拌勻，按煮飯鍵即可。

特色

這是一道日本風味的栗子飯，米飯除了有乾栗，還有肉和別的蔬菜。有此一缽飯，菜都不必要了，添一碗番茄蛋花湯就好。

主料

羊腿肉 1.5 公斤　白蘿蔔 1 個
青蒜苗 50 克

輔料（一）煮羊肉湯料

薑 1 塊　山楂乾 5 個
八角 1 粒　香葉 3 片
桂皮 1 片　花椒 1 小把
白胡椒粒 10 克　大葱 1 棵
料酒 2 湯匙

輔料（二）燴羊糕輔料

油 1 茶匙　薑片 10 克
蒜片 10 克　乾辣椒 5 隻
鹽 1 茶匙　糖 1 茶匙
料酒 1 湯匙　花椒 10 粒
白胡椒粉少許

烹飪要訣

製作好的羊糕肉凍好，放在保鮮盒，可在冰箱保存一星期以上。

1

2

3

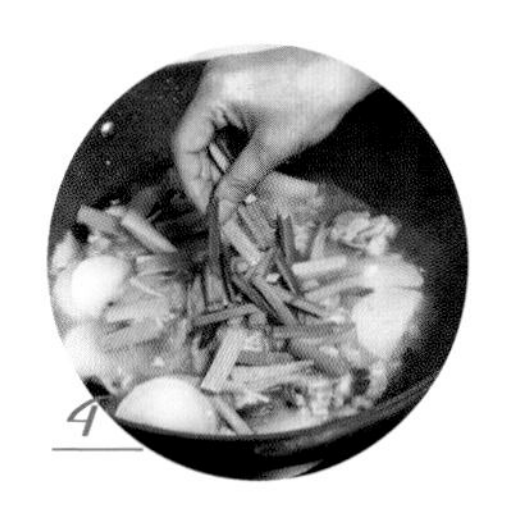
4

做法

1. 羊腿肉洗淨，整塊放入清水，加 1 湯匙料酒煮開，撇去浮沫，沖淨。薑拍破。另加清水蓋過羊肉，放薑塊、大葱段及輔料（一）中的調味料，大火煮開，轉小火慢燉 1 小時至羊肉酥爛。
2. 取出放涼，用紗布把羊肉捲成卷，越緊越好，再用棉繩捆緊，做成羊糕，放冰箱冷藏過夜。取出羊糕，切成 1 厘米厚片。
3. 白蘿蔔洗淨、去皮，切成厚片；青蒜苗洗淨，切成段；乾辣椒剪成段。鍋內燒熱油，爆香薑、蒜、乾辣椒、花椒，加羊肉湯 500 毫升，放入羊糕片煮開，撇去浮沫。放蘿蔔片、料酒、白胡椒粉、鹽、糖，加蓋，小火燜至蘿蔔酥爛，羊肉入味。
4. 撒上青蒜葉，開大火煮至剛熟即可。

特色

以羊肉為肉糕，和以魚肉做魚糕一樣，都是過去沒有冰箱的年代為了保存食物而想出的辦法，但卻得到了別樣的滋味。

莫怪虹無影，
如今小雪時。
陰陽依上下，
寒暑喜分離。
滿月光天漢，
長風響樹枝。
橫琴對渌醑，
猶自斂愁眉。

冬天空氣乾冷，房間如果供暖，則更加熱燥，人體感覺不適，嚴重時甚至鼻腔出血。可使用加濕設備，或養魚、養水生花卉、養雨花石，增加屋子內的水分蒸發量。
此時烤白薯正香，糖梨膏正甜，凍柿子清涼，可緩和咽喉炎。

西蘭花燴蛋餃 / 156

西蘭花和芥蘭一樣，都是甘藍家族的成員，西蘭花引進較晚，20 世紀八九十年代以後才從歐洲引入中國，白色的菜花則在 20 世紀二三十年代從美國引進了，當時叫花椰菜。

一候虹藏不見

天寒地凍，水氣在空中遇冷形成雪花，太陽光穿透大氣層，沒有折射的條件，形成不了虹霓。

二候天氣上升

雪是天上之寒氣，由北風送至，非夏天蒸發之水變成雨降下，此時土地已凍，無上升之氣。上升的，是天之氣。

三候閉塞而成冬

大地沉重封凍，地氣閉塞，無上升之通道，此之為冬。冬，即是終，一年之終。

每年公曆 11 月 22 日前後節交小雪，黃河中下游初雪與小雪節氣基本一致，偶有降雪，也雪量小，無積雪。小雪氣寒而將雪，地寒未甚而雪未大，是謂小雪。

小雪文化和習俗

小雪節氣和下元節重疊，下元節的節俗也就和小雪重合。

十月十五日為下元節，是道教水官的生日。這天道觀做道場，設齋建醮，解厄薦亡。民間也在此日祭亡靈。另外，工匠在下元節祭爐神，供的是太上老君。

照燒鰻魚 / 158

鰻魚的正名是日本鰻鱺。鰻魚在孵化後身體為全透明的柳葉狀，稱柳葉鰻。全透明的柳葉鰻在春季往陸地上的淡水河流洄游，之後一直生活在淡水河，因此又叫河鰻。河鰻在淡水河長至成年，秋冬時節再次洄游至海中產卵，因此秋冬的鰻魚最是肥美。廣東人又稱其為白鱔。

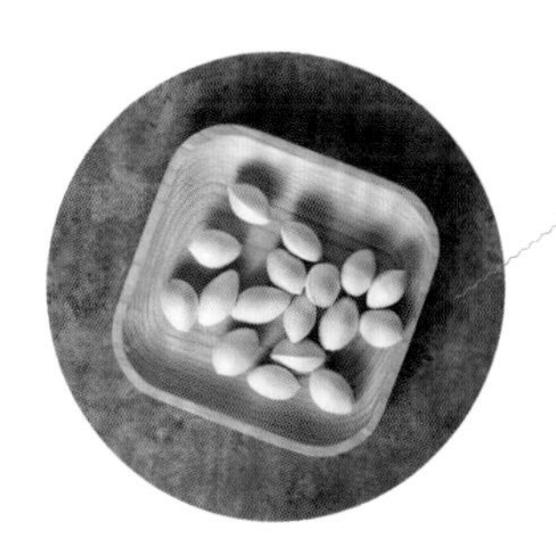

銀杏燉雞 / 159

銀杏又叫白果，銀和白，都是形容這種樹的果實是白色的，但白果在樹上時外面還包裹了一層淡黃色的肉質外種皮，看上去像杏子，因此叫銀杏；剝掉這層，露出裏面白色的硬殼內種皮，再內才是白色的銀杏種子。銀杏樹葉深秋變黃，是最美的秋色。

小雪

碗有金元寶

西蘭花燴蛋餃

60 分鐘　高等

特色

以雞蛋皮為皮，在鍋中做成餃，開始做蛋餃，就知道新年要到了。

營養貼士

西蘭花富含維他命 K。維他命 K 有促進凝血的功能，對經期長、出血量大的女性來說，可適當多攝取西蘭花。

主料

肉碎 100 克　　雞蛋 4 個
西蘭花 1 小棵（切小棵）

輔料

薑 1 小塊　　蒜 2 瓣（切片）
鹽 2 茶匙　　料酒 1 湯匙
胡椒粉少許　　油適量

烹飪要訣

- 剛開始做蛋餃，鍋不夠滑，油不夠熱，前兩張蛋皮多半會破，用筷子揭下來，切碎放在肉餡內，繼續做下一張即可。
- 做好的蛋餃蒸熟，放進保鮮盒，冷凍保存可放一個月。
- 多做一些，吃時取出煮雞湯、粉絲湯、燴西蘭花，好吃又方便。
- 若雞蛋凝結度不夠，在蛋液裏加 1 個生鴨蛋打勻。

做法（一）蛋餃

1. 薑去皮、切末，加 3 湯匙清水浸泡成薑汁，倒在肉碎內攪拌均勻，加料酒、1 茶匙鹽、胡椒粉拌成肉餡。
2. 雞蛋拂勻，加少許油、鹽打散。
3. 鍋加熱，用廚房紙蘸點油在鍋底抹勻。舀進 1 湯匙蛋液，轉動小鍋，攤成圓形蛋皮。
4. 趁蛋皮尚未完全凝結，取 10 克肉餡整理成橄欖形，放在蛋皮上，揭起一半蛋皮蓋在肉餡上。
5. 用筷子尖把兩層蛋皮輕按一下，沒凝結的蛋液正好可以把兩層蛋皮黏上。
6. 烘一烘，翻過來，再烘一烘，一個蛋餃就做好了。

做法（二）燴西蘭花

1. 鍋內加 1 湯匙油，爆香蒜片，下西蘭花炒勻，加 200~300 毫升清水煮開，放鹽、胡椒粉調味。
2. 放入蛋餃，加蓋焖約 5 分鐘，焖至蛋餃肉餡成熟、西蘭花軟身入味即可。

主料

冰凍鰻魚 2 片（約 300 克）

輔料

薑 1 小塊　　油 1 湯匙
燒烤醬 1 湯匙　　日式醬油 2 湯匙
味醂 2 湯匙　　糖 1 茶匙
熟白芝麻少許

烹飪要訣

- 超市有冰凍鰻魚出售，如有新鮮活殺的，做法同上。
- 在平底鍋煎熟鰻魚也可。

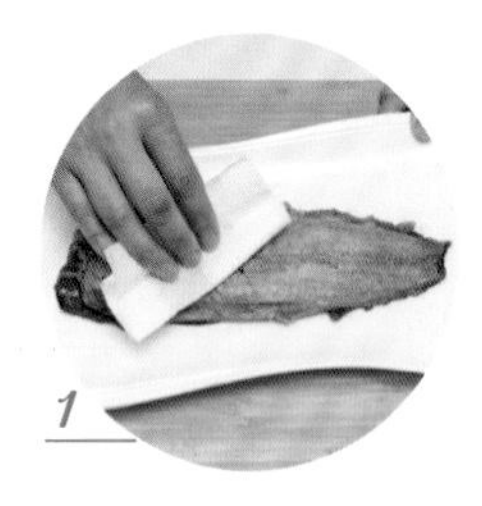
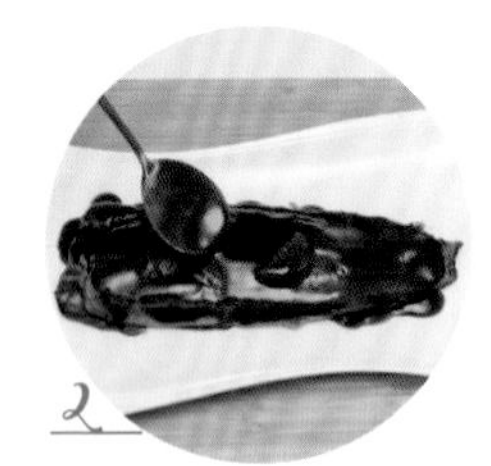

做法

1. 鰻魚從冰箱取出，自然解凍，用廚房紙拭乾水分，放在保鮮盒。
2. 薑切片，加燒烤醬、日式醬油、味醂、糖，放小鍋煮。稍冷卻後，倒在鰻魚上，使兩面均勻裹上醬汁，加蓋冷藏過夜。
3. 烤盤鋪上錫紙，刷一層油，防止黏底，鰻魚放在上面。焗爐預熱至 180℃，烤 30 分鐘，至鰻魚皮軟糯。
4. 用篩子過濾醬汁，用中火燒至濃稠，淋在鰻魚上，撒上熟白芝麻即可。

營養貼士

鰻魚富含蛋白質、脂肪、維他命 A 和維他命 E，對維持人體正常視覺機能及上皮組織形態，以及人體正常性機能有重要作用。

小雪

爛燉北風又一年

銀杏燉雞

3 小時　簡單

主料

光老母雞 1 隻　　銀杏 20 粒

輔料

薑 1 塊　　大葱段 2 段

料酒 1 湯匙　　花椒 1 小把

鹽 1 茶匙

烹飪要訣

燉雞湯只要時間夠長，雞湯自美。燉湯的火候一定要小，不能沖爛雞肉雞皮，或者放在慢燉鍋燉六七個小時至佳。味鮮香濃，但湯清如水，從視覺到味覺都極佳。

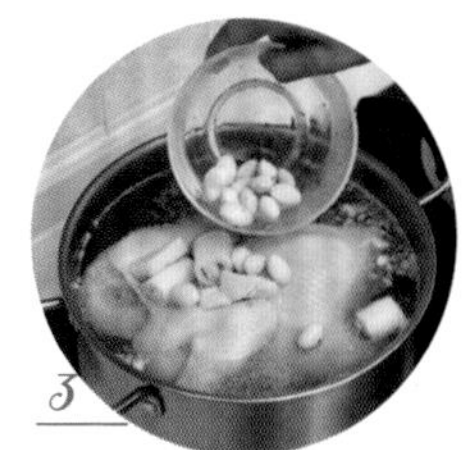

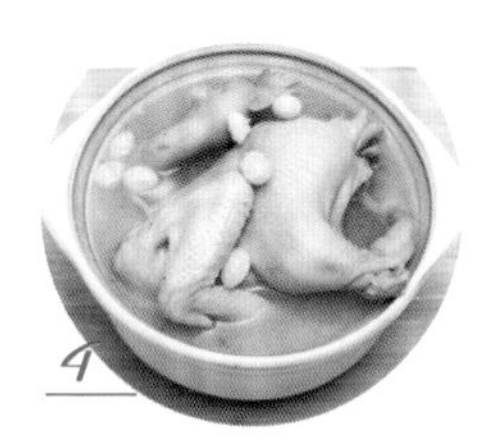

做法

1. 老母雞洗淨，在開水鍋汆燙一下，撈出。
2. 放在燉鍋中，加清水蓋過雞面煮開，轉小火。
3. 放薑塊、葱段、料酒、花椒、銀杏，小火煲 3 小時以上。
4. 吃時去掉薑、葱、花椒，放鹽攪勻即可。

營養貼士

銀杏含黃酮類化合物，具有擴張血管、增加血流量的作用；其所含內酯類化合物可以抑制血小板凝集。但銀杏的種子含有微量的氫氰酸，不可生食，熟食也不能過量，一人一天不能超過 7 粒。

積陰成大雪，看處亂霏霏。玉管鳴寒夜，披書曉絳帷。黃鐘隨氣改，鴳鳥不鳴時。何限蒼生類，依依惜暮暉。

大雪養生

大雪封門，或久陰不晴，難見太陽，心情難免抑鬱，這時可增加與家人朋友的互動。圍爐夜話也好、咖啡廳喝下午茶也好、茶館裏擺龍門陣也好，村頭牆角負暄唠嗑也好，都是解除抑鬱的好辦法。

美食薦新

塌菜又叫塌棵菜，或塔菜，塌菜是形容菜形扁塌，塔則是形容菜葉層疊如塔。塌菜是白菜（即小白菜、青菜，不是大白菜）的變種，葉子小而有皺褶，極耐寒，是冬季的主要蔬菜，因顏色墨綠，又叫烏青菜。

山藥排骨湯 /164

山藥是俗稱，正名叫薯蕷。據説先是唐代要避代宗李豫的名違，改為薯藥；到了宋朝，又要避英宗趙曙的名諱，又改成山藥。但這個説法並不準確。韓愈有詩「僧還相訪來，山藥煮可掘」，這裏的山藥可能不是泛指山裏的草藥，既然煮可掘，倒像是食物。山藥根據形狀，分為掌形、棍形、長形；根據口感，則分為面山藥、脆山藥等。

一候鶡鴠不鳴

鶡即寒號鳥，正名鼯鼠，有寬大的飛膜，善於滑翔。寒號鳥怕冷，天凍不鳴。

二候虎始交

大雪節氣，是陰氣盛極之時，盛極而衰，至此已有陽氣萌動，虎行求偶。

三候荔挺出

荔是馬藺，也寫作馬蓮、馬連，即端午節時捆粽子的馬連草。馬藺此時感覺到地下有陽氣生成，挺出凍土而出芽。

每年公曆 12 月 7 日左右交大雪節氣，從小雪到大雪，天更冷，地更凍，雪落不化，積雪更厚。

大雪文化和習俗

大雪節氣這天，多數年份是在農曆十一月初一，因此也稱十一月節，公曆在十二月上旬，中國大部分地方正式進入冬季，北方多地降雪。

大雪天氣，在家圍爐煨芋，爆栗燔薯，賞雪吟詩。相傳晉朝太傅謝玄在家設宴賞雪，謝玄問：「白雪紛紛何所似？」兒子回答：「撒鹽空中差可擬。」女兒謝道韞則說：「不若柳絮因風起。」謝玄非常讚賞女兒的詩句。大雪紛飛，慢慢落下的樣子，確實像柳絮隨風而起。

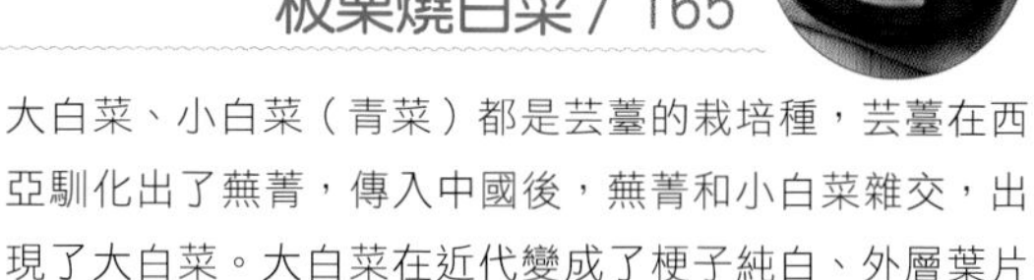

板栗燒白菜 / 165

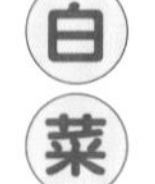

大白菜

大白菜、小白菜（青菜）都是芸薹的栽培種，芸薹在西亞馴化出了蕪菁，傳入中國後，蕪菁和小白菜雜交，出現了大白菜。大白菜在近代變成了梗子純白、外層葉片帶點黃色的模樣，上海叫黃芽菜，四川叫黃秧白。

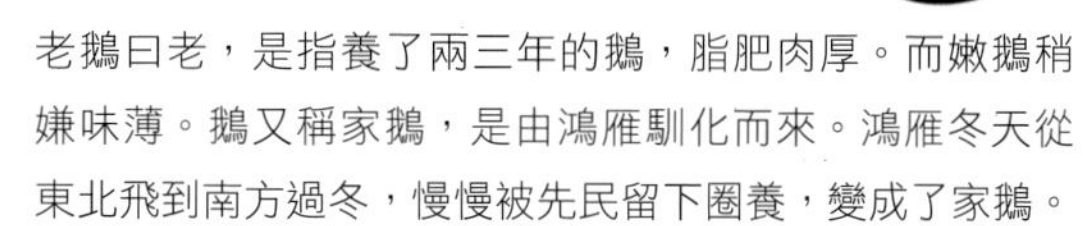

風鵝白菜煲 / 166

老鵝

老鵝曰老，是指養了兩三年的鵝，脂肥肉厚。而嫩鵝稍嫌味薄。鵝又稱家鵝，是由鴻雁馴化而來。鴻雁冬天從東北飛到南方過冬，慢慢被先民留下圈養，變成了家鵝。

食得菜根，則百事可為

凍豆腐燒塌菜

20 分鐘　簡單

主料

豆腐 300 克　　塌菜 200 克
蝦米 10 粒

輔料

油 1 湯匙　　薑 2 片
鹽 1 茶匙　　胡椒粉少許
料酒 1 湯匙

烹飪要訣

豆腐凍過之後再解凍，形成蜂窩組織，可以吸收更多湯汁，味道鮮美。

特色

用來燒豆腐、炒年糕，比青菜有更多菜香。塌菜又叫塌棵菜，葉子深綠，營養素遠超淺色蔬菜，膳食纖維也更豐富。

1

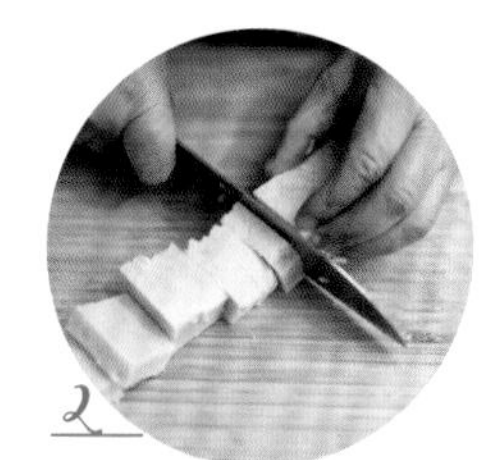
2

3

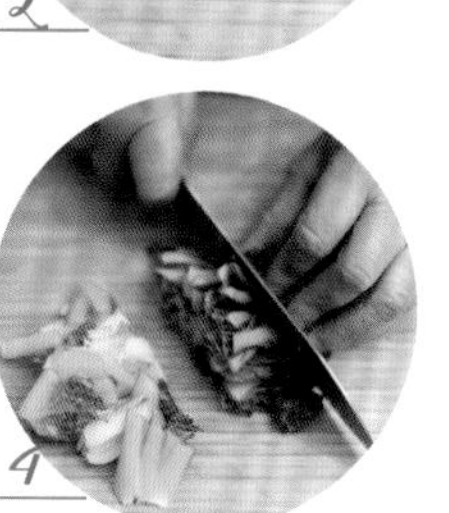
4

5

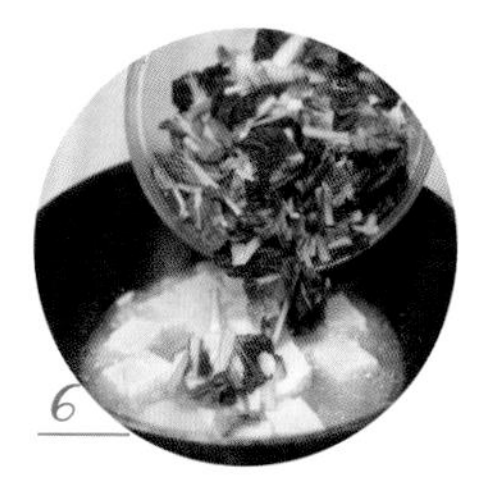
6

做法

1. 豆腐放入冰格過夜。第二天取出，置常溫下，自然解凍。
2. 將豆腐切成骨牌大小，放入開水鍋中灼燙，擠乾水，備用。
3. 蝦米用料酒泡 5 分鐘。
4. 塌菜去根，去老葉黃葉，洗淨，長葉切短。
5. 炒鍋內燒熱油，爆香薑片。放蝦米和料酒爆香，加 250 毫升清水煮開。放凍豆腐，加鹽和胡椒粉調味。
6. 放塌菜燒 3~5 分鐘至軟糯入味即可。

營養貼士

塌菜的鈣含量很高。凍豆腐燒塌菜，是一道高鈣組合的菜式。鈣可強壯骨骼，預防骨質疏鬆，老年人可適當多吃塌菜。

主料

豬排骨 2~3 條　山藥 1 條

輔料

薑 1 塊　料酒 1 湯匙
花椒 1 小把　鹽 1 茶匙
胡椒粉少許

烹飪要訣

- 排骨可換成脊骨、扇子骨、筒子骨等。
- 山藥可換成蘿蔔、蓮藕、冬瓜等。

特色

山藥雖擔了個藥名，卻一點藥味沒有，反而帶點甜味。

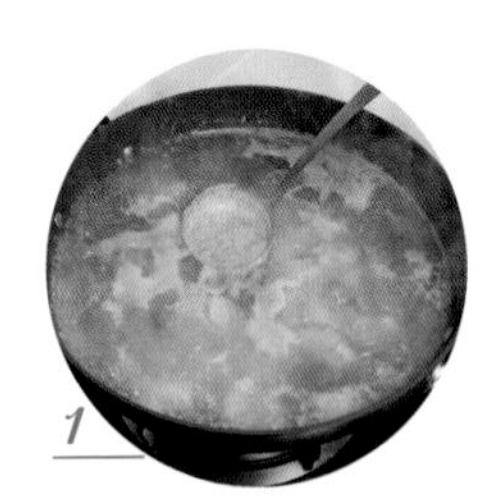

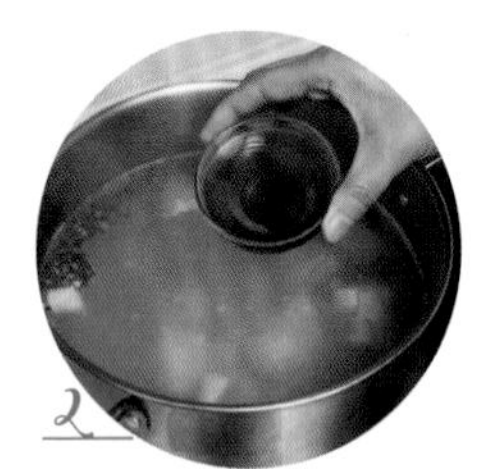

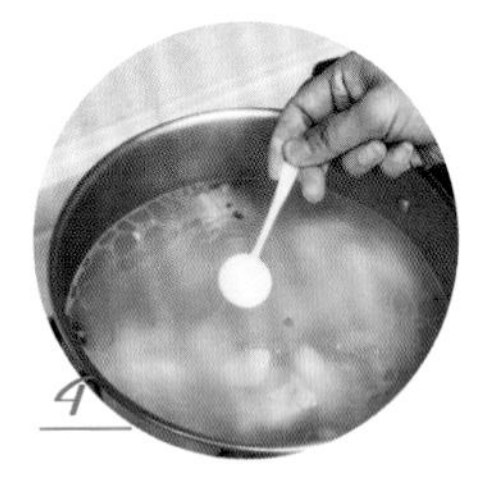

做法

1. 排骨剁成段，放開水鍋灼燙，沖淨血沫。
2. 湯鍋放排骨，加清水蓋過，大火煮開，放拍破的薑塊、料酒、花椒，轉小火，加蓋燉 1.5 小時以上。
3. 山藥洗淨，去皮，切成厚片，放入燉 30 分鐘以上。
4. 燉至山藥酥爛，肉爛脱骨，放鹽和胡椒粉調味即可。

營養貼士

山藥有藥名而無藥味，有藥效而無藥氣。山藥中所含的山藥多糖可降低血糖，所含的薯蕷皂苷可合成腎上腺皮質激素的前體，對人體有興奮作用。因此不管是菜山藥還是面山藥，是新鮮山藥還是乾制的淮山，燉湯都是一級棒。

主料

大白菜幫（白色菜梗部分）5 片
板栗 150 克
蝦皮 20 克

輔料

油 1 湯匙
鹽、生抽各 1 茶匙

烹飪要訣

- 蝦皮有鹹味，不必多放鹽。
- 白菜自身會出水，燒栗子時不必多放水。

特色

板栗色黃，以比金；白菜色白，以比玉，板栗燒白菜，自然是金玉滿堂了。

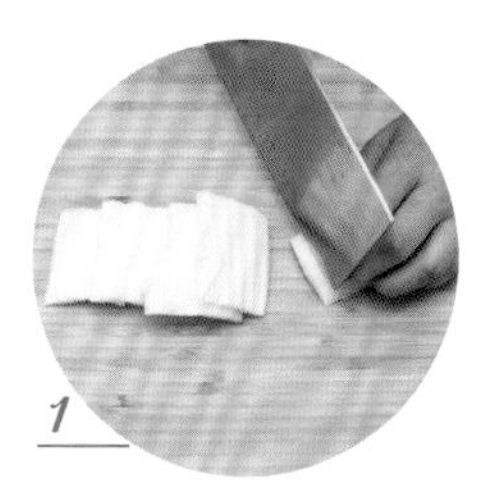

做法

1. 大白菜幫洗淨，切成長段。
2. 栗子放開水鍋煮至八成熟，撈出，去殼。
3. 炒鍋燒熱油，下蝦皮炒香。
4. 放白菜段和栗子翻勻，加清水 2 湯匙，加蓋燜 10~15 分鐘，至栗子酥爛。放鹽、生抽燒 2~3 分鐘至白菜入味即可。

營養貼士

大白菜甘甜清脆，富含水分和維他命，營養豐富，並且耐寒，可抗 -5℃的寒冷，是冬季蔬菜的上品。大白菜含維他命 U，維他命 U 對胃腸道黏膜有保護作用。

大雪

鵝脂如胭紅

風鵝白菜煲

3 小時　中等

主料

風鵝 1/4 隻
大白菜小半棵（切大塊）
粉絲 1 小把（用水浸軟）

輔料

薑 1 小塊
料酒 2 湯匙
花椒 1 小把
芫茜葉少許

烹飪要訣

- 風鵝有足夠鹹味，要事先浸出鹽分。
- 粉絲不可久煮，放進去即關火，湯的高溫足以燙軟粉絲。

特色

風鵝是蘇南特色醃物，當地河汊如網，農家養鵝、養鴨、養雞，到冬至前後醃風鵝風雞。醃好的風鵝肌肉紅如胭脂，燉湯滋味厚濃，最是暖胃之品。

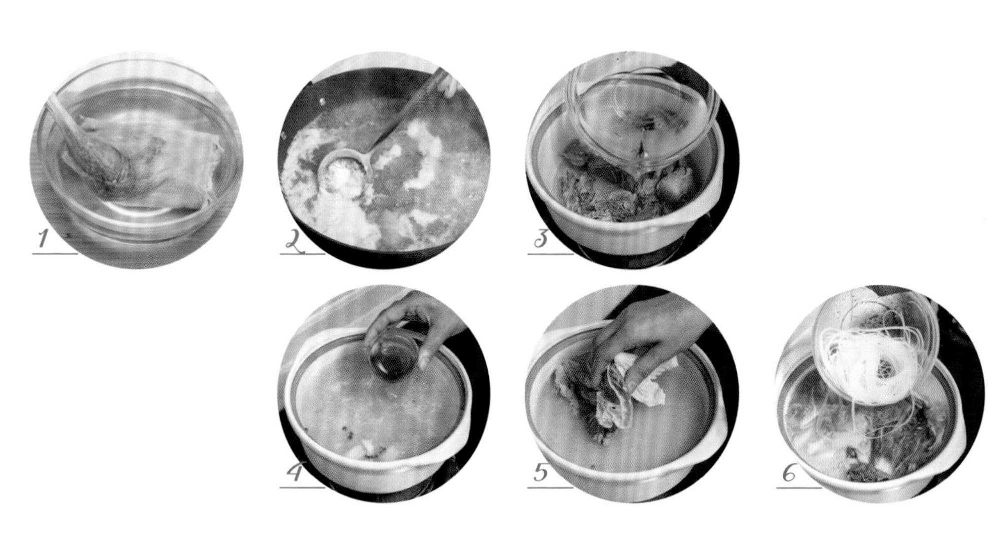

做法

1. 風鵝洗淨，用清水浸泡 4 小時以上，浸出過多鹹味。
2. 剁成大塊，放入清水煮開，撇去浮沫，洗淨。
3. 鵝肉放在砂鍋，加足夠清水蓋過，大火煮開。
4. 再次撇淨浮沫，轉小火，加料酒、花椒、薑塊，加蓋燉 2 小時以上。
5. 燉至湯濃雪白，鵝肉酥爛，放入白菜。
6. 燉至白菜軟爛，放入粉絲，關火。吃時放上芫茜葉。

營養貼士

經受過北風吹拂的鵝肉顏色有如火腿般嫣紅，滋味別具一格。鵝肉的蛋白質含量還高於雞肉，是極佳的食材。鵝肉含較高的亞麻酸，亞麻酸在人體內可合成 EPA 和 DHA，預防動脈硬化，提高免疫力。

二氣俱生處，
周家正立年。
歲星瞻北極，
舜日照南天。
拜慶朝金殿，
歡娛列綺筵。
萬邦歌有道，
誰敢動征邊？

美食薦新

冬天須防老人疾病，骨質疏鬆，肌肉無力，衣厚褲裹，有失靈活。咳嗽痰多，氣短胸悶，易涼易燥。戶外寒冷，室內溫高，一冷一熱，容易感冒。

冬日天短，夜長風寒，老人適當減少外出，以免道路結冰濕滑。早睡晚起，睡前熱水泡腳，渾身暖和了再上床安睡。

蔥爆牛肉 / 170

大蔥

大蔥與細香蔥有很大不同，粗壯的大蔥三四根就有一斤；細香蔥一兩就有七八根。細香蔥簇生，大蔥是單根獨柱，一根就是一棵。大蔥與香蔥最大的區別是花，大蔥的花是白色，細香蔥的花是淡紫色。

芝士焗馬鈴薯泥 / 171

馬

馬鈴薯各地叫法不同，據不完全統計，有土豆、陽芋、洋芋、洋山芋、地蛋、薯仔等，正名為陽芋。馬鈴薯屬茄科。

一候蚯蚓結

冬至是陰極之至，凍土三尺，連地下都無一絲生氣，蚯蚓陰曲陽伸，知道春風尚早，曲結身體冬眠。

二候麋角解

麋是麋鹿，俗稱「四不像」，生活在水澤之地。鹿為山獸，麋為澤獸。麋角向後生，感知陽氣也比向前生長的鹿角為遲，到此時才舊角脫，以備新角生。

三候水泉動

天一生水，水源為泉，秋分時水涸，立冬時冰成，冬至一陽已生，地下泉水灌湧，但未萌動。

每年公曆 12 月 22 日前後交冬至。這一天北半球白天最短、黑夜最長。周曆以冬至為新年，冬至過後，開始數九，閨中畫「九九消寒圖」，九九八十一天過完，便是開耕之日。《帝京歲時記勝》載冬至這天吃餛飩，諧音「混沌」，意謂混元一氣，萬象更新。

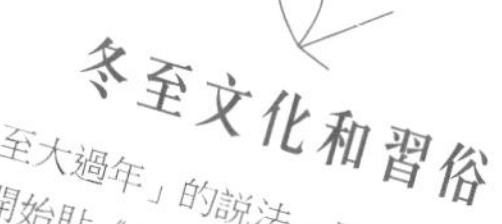

冬至文化和習俗

「冬至大過年」的說法，是遠古遺風。冬至開始貼《九九消寒圖》，圖有多種，常見的是用雙勾白描印的「亭前垂柳珍重待春風」九字，每個字都是九筆，冬至日起，每天用紅筆塗一筆，描完九九八十一筆，春天就到了。另有畫一枝老梅，留八十一朵梅花在圖上，女子晨起梳妝，用胭脂染紅一朵，八十一朵花瓣盡數染紅，梅花變作了杏花，即是回春之日到了。

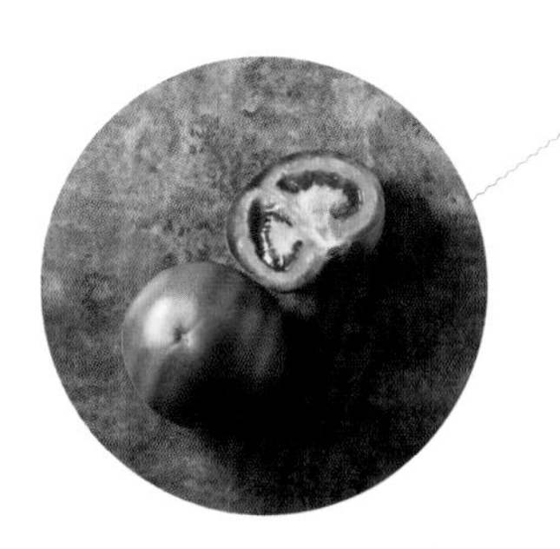

番茄

番茄蝦仁意大利麵 / 172

番茄原產南美洲，很早就是當地印第安人的食物，西班牙人將其帶回歐洲，再傳到英國和意大利，清中期傳入中國。當時的人覺得這個圓圓扁扁皮光紅亮的果子和柿子有些像，便取名為西紅柿，它是茄科的，又叫番茄。番茄是反季節蔬菜的代表，在現代農業工業化的幫助下，即使在最冷的冬季，也能吃到甘酸甜美水果一樣的番茄。

牡蠣

牡蠣煎蛋 / 173

南方海邊管牡蠣叫生蠔，北方海邊叫海蠣子，不靠海邊的內陸就算少有生蠔，蠔油總是有的。牡蠣生長在海邊岩石上，從南到北的海岸線上都有，殼長得極不規整。牡蠣喜寒，海水溫度越低，蠔肉越是肥美。

冬至

鑊氣生香

蔥爆牛肉

50 分鐘　簡單

主料

牛裏脊 250 克　　大蔥白 1 棵（切斜片）
細香蔥 3 棵（切段）

輔料

薑 1 小塊（切絲）	料酒 1 湯匙
鹽 1 茶匙	醬油 1 湯匙
糖 1 茶匙	蠔油 1 茶匙
油 2 湯匙	鮮醬油少許
澱粉 1 茶匙	食用小蘇打 1 茶匙

烹飪要訣

- 牛肉纖維粗、肌理厚、吸水量大、漲性好，在切片之後用清水浸洗，一是洗淨血水，二是增加肉片的含水量，在放澱粉後可充分吸附，不至脫漿。
- 食用小蘇打起到嫩滑的作用，沒有可改用嫩肉粉，如果有條件用大油鍋滑牛肉片，則可不放或少放。
- 細香蔥起豐富色彩的作用，沒有可不放。

做法

1. 牛裏脊肉頂刀切成薄片，用清水抓洗乾淨，擠乾水分。放鹽、料酒、醬油、糖、蠔油、小蘇打拌勻，拌入澱粉、1 茶匙油拌勻，冷藏 1 小時以上。
2. 炒鍋澆熱，放入油，下牛肉片炒散，下薑絲炒勻，盛出。
3. 鍋內餘油爆香大蔥片，下牛肉炒勻，灑幾滴鮮醬油，放細香蔥炒勻即可。

營養貼士

大蔥含大蒜素揮發油。冬季常食大蔥可預防呼吸道疾病，久居室內不常開窗通風的人群可適當多吃些大蔥。

特色

蔥爆牛肉吃的是肉嫩和蔥香，這兩樣都要大火滾油，鍋燒得通紅，爐火通明，但見油花四濺，轉眼肉已出鍋。

冬至

當澱粉遇上芝士

芝士焗馬鈴薯泥

40 分鐘　簡單

主料

大馬鈴薯 1 個或中等馬鈴薯 2 個
煙肉 2 片　　　西蘭花 1/4 棵

輔料

Mozzarella 芝士 50 克
黑胡椒粉少許　　　鹽 1 茶匙
小盒裝牛油 1 盒（約 10 克）

烹飪要訣

- 壓馬鈴薯茸的工具大型超市和家品店有售，沒有就用鍋鏟或勺子壓碎。
- 馬鈴薯不必壓得全部成泥，保留一些小塊，吃時口感豐富。
- 牛油有小盒分裝的，1 盒 10 克，足夠一次用量，沒有就用大塊牛油切 1 片。
- 沒有牛油，用橄欖油、沙律油也一樣。

特色

當剛焗好的馬鈴薯泥從焗爐取出，美拉德反應（Maillard reaction）下的金黃色融化芝士香讓人垂涎三尺。

1

2

3

4

做法

1. 馬鈴薯洗淨、去皮，切成大塊，放清水煮至酥爛。倒去水，壓碎馬鈴薯，趁熱放入 1 塊牛油融化，放黑胡椒粉和鹽拌勻。
2. 煙肉切成小片，一半拌入馬鈴薯泥，放入烤盤內，上面蓋上另一半煙肉。芝士刨成絲，均勻地鋪面。
3. 焗爐預熱至 220℃，烤 20 分鐘至芝士融化，表面略有焦斑。
4. 西蘭花切成小朵，灼熟，點綴即可。

營養貼士

馬鈴薯富含碳水化合物、B 族維他命、膳食纖維。傳統上中國大多數地區把馬鈴薯當菜，但在國際上馬鈴薯是僅次於小麥的主食。作為主食，馬鈴薯比大米的營養素更全面、更豐富，可以考慮把一部分主食替換為馬鈴薯。

冬至

意麵也打番茄滷

番茄蝦仁意大利麵

50 分鐘　簡單

主料

番茄 2~3 個（小）　大蝦 250 克
意大利麵 150 克　羅勒 3 枝
檸檬 1 角　初榨橄欖油少許

輔料

油 3 湯匙　鹽 1 茶匙
蒜 3 瓣　黑胡椒粉少許

烹飪要訣

- 番茄不可切太小，成品要看得見煎得微焦的番茄塊，而不是番茄醬。
- 炒麵時如果太乾，可加 1 勺煮麵水。
- 炸過的蝦頭可撒少許鹽和黑胡椒粉，當餐前小菜。
- 沒有羅勒，可換成番茜或百里香。

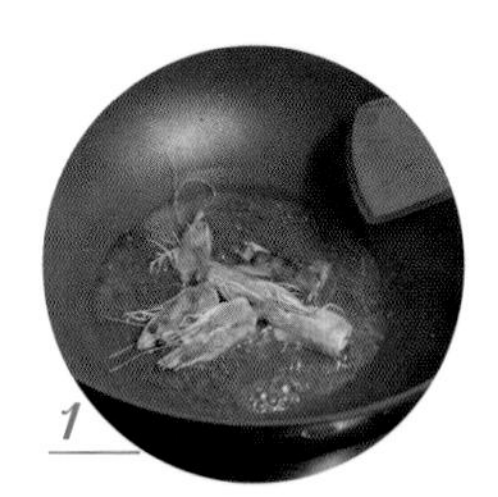

做法

1. 蝦洗淨，去頭留用；剝去殼，開背，挑去蝦腸，用少許鹽和檸檬汁稍醃。燒一大鍋水，煮麵 15~20 分鐘。炒鍋燒熱油，放蝦頭小火炸香，用鍋鏟儘量壓出蝦油，撈出蝦頭。
2. 番茄洗淨，帶皮切成 4 瓣，切面朝下，小火煎香。蒜去皮、壓碎，放入油中同煎；醃過的蝦仁一同煎熟。
3. 煮至八分熟的意大利麵撈出，放在炒鍋，拌炒。加鹽、黑胡椒粉調味，上碟，用羅勒葉點綴提味。
4. 吃時可擠入檸檬汁，淋上少許初榨橄欖油。

特色

打滷麵本是國產，番茄雖是外來者，但這麼多年也養成鄉土的了，用番茄打滷，番茄要熬得紅汁盡出，口感沙沙的，這和番茄醬就是差點香料的區別了。

主料

去殼牡蠣（蠔）250 克
雞蛋 3~4 個

輔料

鹽 8 克	料酒 1 湯匙
胡椒粉少許	薑 1 小塊
細香葱 5 棵	油 3 湯匙
麵粉少許	

烹飪要訣

- 牡蠣含水量大，用鹽醃過後更易出水，吸乾水再煎，更加鮮美。
- 在煎蛋的後期加水稍燜，令蛋餅更鬆軟，也不易焦枯。

特色

牡蠣有「海中牛奶」之稱，其滑嫩處，真與牛奶不相上下。牡蠣煎蛋幾乎就是牛奶燉蛋、雙皮奶的口感。

做法

1. 薑去皮、切末；葱洗淨，切成葱花。牡蠣用少許鹽和麵粉洗淨，瀝乾水，用薑末、料酒、3 克鹽、胡椒粉拌勻，醃 10 分鐘以上。
2. 雞蛋加 5 克鹽拂打，放入葱花拌勻。
3. 醃好的牡蠣隔去水，用廚房紙或乾淨毛巾吸乾。炒鍋加油燒熱，放入牡蠣兩面煎，再加少許料酒，去腥。蛋液倒入鍋中，略炒兩下，和牡蠣充分融合。
4. 趁蛋液未完全凝結，用鍋鏟調整成圓形，小火慢煎至凝結，翻面再煎。沿邊淋入少許油保持滑潤，可添加少量水，加蓋燜 2 分鐘至熟。

小寒連大呂，
歡鵲壘新巢。
拾食尋河曲，
銜紫繞樹梢。
霜鷹近北首，
雊雉隱叢茅。
莫怪嚴凝切，
春冬正月交。

小寒養生

此時進入流感多發季節，外出回家後，第一時間用水洗手，肥皂滅菌，再和孩子擁抱問好。避免交叉感染。
小寒節後，日常可燉羊肉湯、熬白肉、肥雞大鴨子，紅燒大白鵝，多補充高蛋白、高脂肪食物，以禦嚴寒。

美食薦新

熗拌芥蘭頭絲 / 176

芥蘭頭

芥蘭頭是甘藍家族的一員，顏色淺粉綠，葉子長在球莖的周圍，而非頂生。因質地較硬，通常醃作鹹菜、醬菜。甘藍家族喜涼耐寒，冬天的涼拌芥蘭頭最是清涼爽口。

冬筍是毛竹未出土的冬芽，味道鮮甜，口感脆嫩。竹筍包括冬筍，營養價值不是太高，和普通蔬菜差不多，但含有大量的游離氨基酸，包括了賴氨酸、谷氨酸和天冬氨酸，這些物質構成了鮮這種味道，吃筍，乃是在嘗鮮。

一候雁北鄉

「鄉」即「向」，冬至已過，南方陽氣暄騰，鴻雁感知氣候，結隊向北飛來。

二候鵲始巢

喜鵲是留禽，已經開始築巢，為春暖後哺育雛鳥、遮風避雨做準備。

三候雉始鴝

雉是野雞，羽毛斑斕。古人認為雉雞是文明之鳥，文是文彩，明是明德。文明之鳥感受到陽氣，雌雄同鳴，求偶交配。

每年 1 月 5 日左右，時交小寒，小寒在大雪、冬至之後，表示一年最寒冷的日子來了。月初寒尚小，是「二九」的最後幾天，「一九、二九難出手」，出門注意保暖，戴帽子、戴手套。

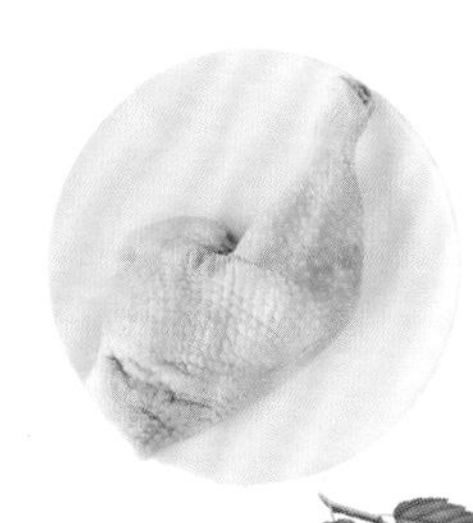

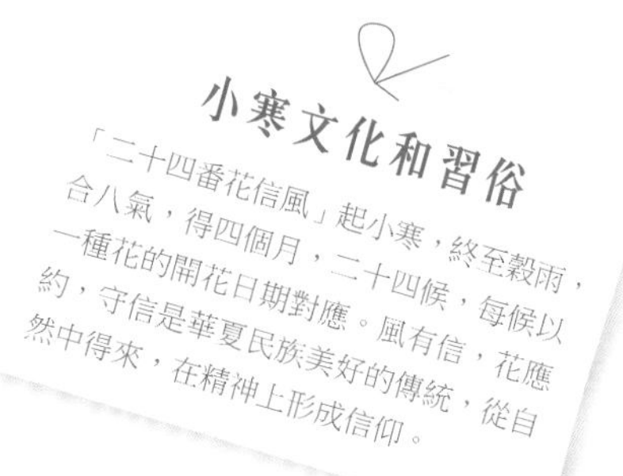

小寒文化和習俗

「二十四番花信風」起小寒，終至穀雨，合八氣，得四個月，二十四候，每候以一種花的開花日期對應。風有信，花應約，守信是華夏民族美好的傳統，從自然中得來，在精神上形成信仰。

紅豆粥 / 紅豆沙糰 / 178

紅豆正名是赤豆，又叫小豆、紅小豆。單説紅豆，易與「紅豆生南國」的海紅豆混淆。赤豆和綠豆一樣，都是澱粉豆，綠豆有綠豆冰棍、綠豆糕，赤豆就有赤豆棒冰、小豆冰棍、紅豆酥、紅豆糍、紅豆餡餅等。紅豆最大的用處是做豆沙，豆沙粽子、豆沙月餅、豆沙湯圓、豆沙元宵，端午節、中秋節、元宵節的美食離不了豆沙。

油燜大蝦 / 180

對蝦

對蝦的正名是斑節對蝦，因個體大，過去常一對一對地出售，對蝦之名由此而來。對蝦並不喜歡寒涼的海水，冬季來臨之前，對蝦會遊到南方溫暖的海域生活。大的對蝦又叫明蝦，是「山珍海味」中的海味代表，價格一向偏高，過年時作為年菜出現在餐桌上。

主料

芥蘭頭 1 個
芫茜 2 棵

輔料

鹽 1 茶匙
鮮醬油少許
乾紅辣椒 5~8 隻
花椒 1 小把
油 2 湯匙

烹飪要訣

炸乾辣椒的油可稍多，拌勻後才有熗香味。

做法

1. 芥蘭頭去皮，切成細絲，用鹽抓勻，醃 10 分鐘以上，擠乾水，放在盤中。
2. 乾紅辣椒剪成段，去籽。芫茜去掉黃葉，洗淨。
3. 鍋燒熱油，放辣椒段和花椒炸香，辣椒炸至棕紅色，淋在芥蘭頭絲上。
4. 加入鮮醬油拌勻，裝飾芫茜葉即可。

營養貼士

芥蘭頭的維他命 C 和維他命 E 的含量均高於普通蔬菜，另外還富含鉀，鉀元素在機體內可維持日常心肌功能，肌肉若缺鉀，會有渾身乏力的感覺。

小寒 素菜也味厚

燒三冬

50 分鐘　簡單

主料

大冬筍 1 個　　冬菇 10 朵
天津冬菜 50 克

輔料

豬油 1 湯匙　　高湯 50 毫升
鹽 1 茶匙　　醬油 1 茶匙
砂糖 1 茶匙　　澱粉 1 湯匙

烹飪要訣

- 天津冬菜用津白菜醃漬，有特殊鹹香味。如果沒有，可以不加，即成「燒二冬」。
- 冬菜換成雪裏紅，即成「燒雪冬」，十分應景。
- 冬菜有鹹味，鹽要適當少放。

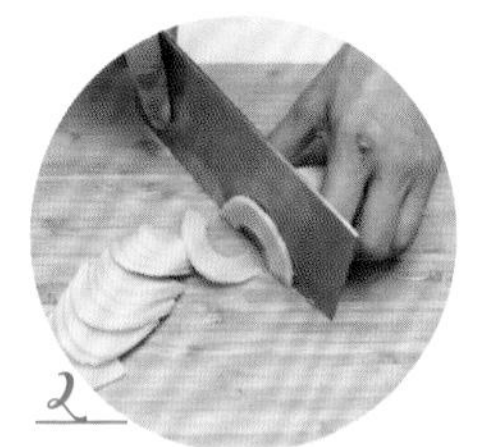

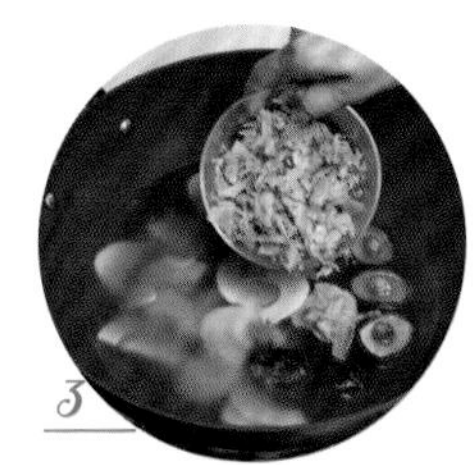

做法

1. 冬菇用 100 毫升溫水浸泡 30 分鐘以上，洗淨，剪去老梗，冬菇水過濾，留用；冬菜用清水洗淨，擠乾。
2. 冬筍去殼，對剖，放開水鍋裏煮 5 分鐘，去除澀味，切成薄片。
3. 鍋內放入冬菇水、高湯，加鹽、糖、醬油煮開。放入冬筍片、冬菇、冬菜，小火煮至軟糯入味。
4. 澱粉加少許清水調勻，慢慢倒入鍋勾成薄芡，加入豬油翻勻即成。

營養貼士

冬筍與春天的竹筍不同，其藏在泥土之下，沒有抽條出芽的過程，這也讓冬筍的質地更緊密，風味物質更足。冬筍富含膳食纖維。人體攝入足夠的膳食纖維能促進腸道蠕動，保持大便通暢。

小寒

紅豆送年終

紅豆粥／紅豆沙糰

2小時　中等

主料

紅豆 500 克　　　糖 250 克
麥芽糖 1 瓶（250 克）

輔料

蛋黃 1 個
粘米粉（或大米粉）1 湯匙
泡打粉半茶匙

烹飪要訣

- 紅豆不易酥爛，壓力鍋煮一遍如不夠爛，可加水再煮。
- 加糖熬好的蜜紅豆可冷藏保存一星期以上，製成天使蛋糕、紅豆芋圓、紅豆刨冰等。

做法（一）紅豆粥

1. 紅豆用清水浸泡過夜，另換清水煮開，倒去水。
2. 另加兩三倍清水，放入壓力鍋，選「豆子」鍵煮至紅豆酥爛。
3. 煮好的紅豆湯盛一半紅豆一半湯在碗裏，加糖拌勻，即是紅豆粥。

營養貼士

紅豆是高鉀食物，每 100 克紅豆的鉀含量超過 700 毫克，鉀可預防中風，世界衛生組織推薦每日膳食中鉀的含量為 3510 毫克。多吃紅豆粥，可有效控制血糖、血壓和血脂。

做法（二）紅豆沙糰

1. 煮好的紅豆瀝乾湯水，加糖和麥芽糖熬至水乾，做成蜜紅豆。
2. 取 150 克蜜紅豆餡，分成 6 份，搓圓，成為餡心。
3. 另取 190 克蜜紅豆餡，加粘米粉（或大米粉）、泡打粉、蛋黃拌勻，做成皮。
4. 皮分成 6 份，包上餡心，放蒸籠內，下墊蒸籠紙，蒸 6 分鐘至熟即成。

小寒

油燜大蝦

30 分鐘　簡單

特色

油燜大蝦就是紅燒大蝦，但紅燒二字不能體現這道菜的濃腴甘甜，非油燜不可。

主料

對蝦或大蝦 400 克

輔料

細香葱 5 條（打結）	薑 1 小塊（切片）
醬油 1 湯匙	鹽 1 茶匙
糖 1 茶匙	油 3 湯匙
料酒 1 湯匙	澱粉 1 茶匙

烹飪要訣

- 油燜大蝦要把蝦頭的蝦膏煸出，煸紅煸香，再把蝦膏油燒進蝦肉。
- 芡不必厚，使湯汁可以掛在蝦身上即可。

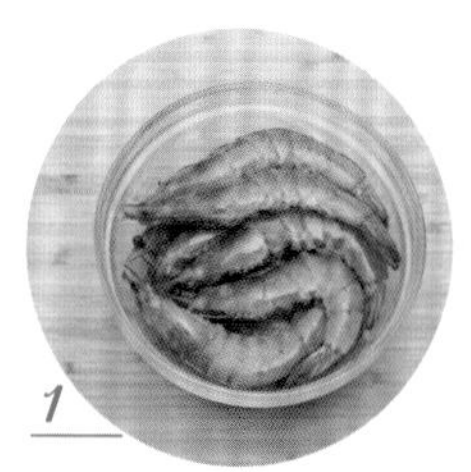

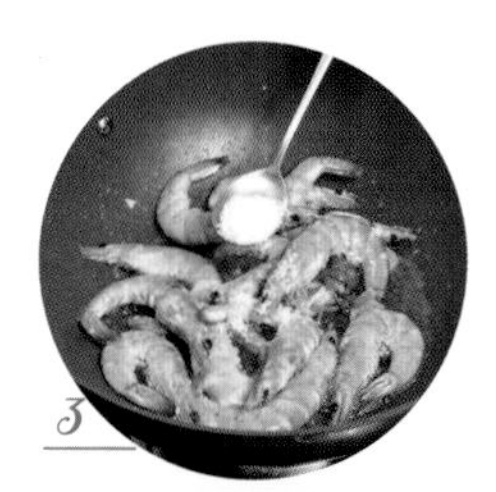

做法

1. 蝦洗淨，剪去蝦槍、蝦腳，挑去蝦腸，用剪刀在蝦頭下方剪開，挑出沙囊。大的蝦切為兩段。
2. 炒鍋燒熱油，放入薑片、葱結爆香。放入蝦，煎至變色發紅，一邊用鍋鏟擠壓蝦頭，煸出蝦膏，把油熬成紅色。
3. 淋入料酒、醬油，放鹽、糖燒開，把蝦身炒至上色。
4. 加清水少許蓋過蝦身，轉中火，加蓋燜 3~4 分鐘，燜至蝦殼起硬，蝦肉入味。
5. 去掉葱薑，澱粉加少許清水淋入，勾芡。起鍋前淋入少許油，使湯汁油亮即可。

營養貼士

大蝦以其高蛋白著稱，同時也富含鉀和磷。蛋白質構成人體細胞和組織；鉀提供肌肉力量；磷強壯骨骼。蝦肉提供了人體必需的多種營養素。

臘酒自盈樽，金爐獸炭溫。大寒宜近火，無事莫開門。冬與春交替，星周月詎存？明朝換新律，梅柳待陽春。

天寒體冷，難免多飲多食，自臘八起，到祭灶始，進入新年預演中，年貨囤起，冰箱堆足，免不了大魚大肉、酒足飯飽、油膩疊腸。在不聚餐不赴宴的日子，早晚在家，多煲雜糧粥，多吃蔬菜，以免積食。

美食薦新

韭菜花蒸金針菇 / 184

韭菜花

韭菜花除了指類似蒜薹一樣的韭菜花葶，也指用韭菜花葶醃制的鹹菜、醬菜。新鮮的韭菜薹脆嫩甘甜，但開花之後花葶變老，不宜再食。雲南曲靖人在每年七八月韭菜開花時製作，加白酒和鹽封存半年，等韭菜花肉質糖化，與新收的脆生芥蘭頭絲、辣椒粉拌勻。

鹽煎蘑菇 / 186

蘑菇

蘑菇是個泛稱，但一般來説，都是指圓圓的小白蘑，也稱蘑菇。蘑菇有松茸、蒙古白蘑、大白椿菇等好幾種。蒙古草原上的蘑菇是野生菌，近年來因草場退化，已很難見到，現在説的蘑菇，是人工栽培的雙孢蘑菇。

一候雞乳

古人說雞有五德，首戴冠，文也；足搏距，武也；敵敢鬥，勇也；見食相呼，仁也；守夜不失，信也。如此文武雙全、仁智守信的雞，當然也應時知氣，感陽氣而生育，準備下蛋了。

二候征鳥厲疾

地面冰雪覆蓋，小動物出洞覓食，沒有植物的遮蔽，身形顯眼，易於被空中盤旋的猛禽發現。猛禽眼光淩厲，行動迅疾。

三候水澤腹堅

凝水為冰，只及水面；水泉萌動，是乃活水。聚水為澤，不流不動，於是凝冰三尺，深至水底，冰堅至腹，這才是最冷的時候。

大寒是 24 節氣中最後一個節氣，每年公曆 1 月 20 日前後節交大寒。寒氣之逆極，故謂大寒。

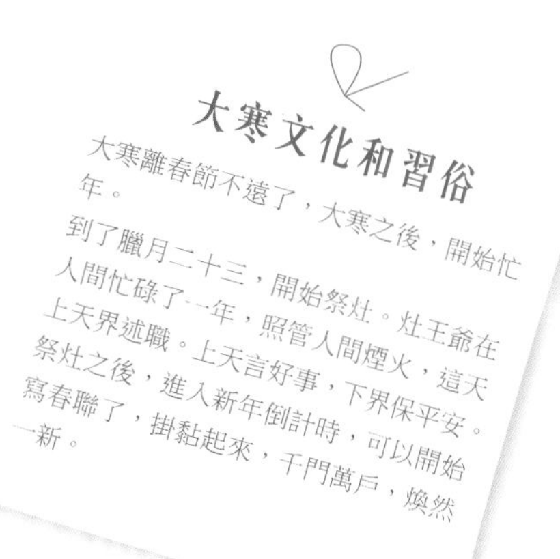

筍乾燒肉 / 188

筍乾是多種竹筍曬乾的乾製品，長的筍乾有兩尺長，有的筍乾切成絲後再蒸煮烘乾，有的則整支竹筍煮軟壓扁再烘乾。筍乾泡發後常和泡發的木耳一起製作素菜。筍乾與竹筍相比，更有一種特別的乾菜香和鮮甜味道，冬筍、春筍、筍乾、鹹筍尖皆不可棄，都可變化出無數美食。

砂鍋魚頭 / 190

中國四大家魚：青草鰱鱅，即青魚、草魚、鰱魚、鱅魚。青魚又叫青鯇、烏青；草魚又叫草鯇、白鯇；鰱魚又叫白鰱、鰱子；鱅魚又叫花鰱、胖頭魚。鱅魚本身個頭極大，大的有幾十斤，它的頭更大，幾乎佔了身體的三分之一，所以叫胖頭魚。

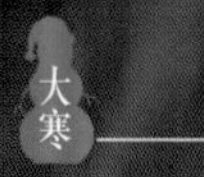

韭花也是花

韭菜花蒸金針菇

20 分鐘　簡單

主料

新鮮韭菜花 100 克
金針菇 100 克
雲南曲靖乾巴菌醃韭菜花 2 湯匙

輔料

油 1 湯匙
蒸魚豉油 1 湯匙
葱花少許

烹飪要訣

- 雲南曲靖乾巴菌醃韭菜花超市或網上有售，也可用蒜蓉辣醬代替。
- 乾巴菌醃韭菜花有足夠鹹味，嗜淡的可不放蒸魚豉油。

做法

1. 新鮮韭菜花去掉老梗，洗淨，切長段。
2. 金針菇去掉老根，洗淨，切成同樣長短的段。
3. 取一個長方形盤，一邊放韭菜花，一邊放金針菇，上鋪醃韭菜花，上籠蒸 8 分鐘或至韭菜花熟，取出，淋上蒸魚豉油。
4. 燒熱油，淋在韭菜花和金針菇上，撒上葱花即成。

營養貼士

韭菜花是韭菜的花葶，和韭菜一樣含硫化合物，有明顯的辛辣氣息。硫化合物可抑菌殺菌，進入腸道可抑止有害菌群的發展。其辛辣的味道還能刺激食欲，開胃解膩。冬季常食用高脂肪的肉類，韭菜花可適當化解油膩的感覺。

大寒

一口鮮

鹽煎蘑菇

10 分鐘　簡單

主料

大小均勻的蘑菇 10~15 個

輔料

油 1 茶匙
鹽少許
黑胡椒粉少許

烹飪要訣

- 如用牛油，煎出的味道更香。
- 同樣的方法可以煎切片的杏鮑菇、松茸等。

特色

當食材太過頂級，就只需要最簡單的加工方法，比如清蒸大閘蟹，比如鹽煎蘑菇。蘑菇已是鮮物，只用鹽調味就好。

1

2

3

4

做法

1. 蘑菇去掉蘑菇柄，洗淨，拭乾水分。
2. 平底煎鍋抹一層油，燒熱，蘑菇傘蓋朝下，放在鍋內。
3. 撒上鹽、黑胡椒粉，加蓋煎 5~8 分鐘。
4. 待蘑菇收縮，蘑菇傘內積滿了湯汁即可。

營養貼士

蘑菇以其極鮮的味道，深受食客的喜愛。從前的蘑菇、雞樅，現在的松茸、松露，人類對鮮的追求孜孜不倦，並還將一直追尋下去。蘑菇除了鮮味物質，還含有多種氨基酸，氨基酸進入人體後可合成蛋白質，可維持人體機能的正常運作。

大寒

大菜才是壓軸戲

筍乾燒肉

2 小鐘　簡單

特色

筍乾燒肉是一道過年時準備的年菜，燒好的筍乾肉，即使是沒有冰箱的年代，冬季也可放一星期以上，吃時取一部分加熱即可。

主料

筍乾 100 克
五花肉 1 塊（約 500 克）

輔料

薑 1 塊	八角 1 粒
花椒 1 小把	冰糖 15~20 克
醬油 3 湯匙	陳醋 1 湯匙
料酒 2 湯匙	油 1 茶匙
鹽 1 茶匙	

烹飪要訣

- 筍乾有很強的吸水性，在用壓力鍋漲發筍乾時，水要加足。
- 筍乾一次性可多泡發一些，天天換水，冬季低溫，可保存 1 星期。
- 如用普通鍋則需小火燜燒 1 小時以上，至肉爛筍嫩。

做法

1. 筍乾用溫水泡發一夜，洗淨浮沫，放入壓力鍋，加清水蓋過，選「豆子」鍵煮好。
2. 取出筍乾，洗淨，切成薄片。
3. 五花肉在燒熱的乾鍋炙焦肉皮，刮去表皮油脂、雜物，洗淨，切成小方塊。
4. 將五花肉塊放清水，加 1 湯匙料酒煮開，撇去浮沫，沖淨，瀝乾。
5. 炒鍋放油燒熱，放肉塊煸至微黃出油，放冰糖炒至融化，有焦糖香味。
6. 放料酒、醬油、陳醋、薑炒香，炒至肉塊上色。
7. 放入筍乾炒勻，加清水蓋過，煮開，撇去浮沫，放鹽、八角、花椒調味。
8. 轉入壓力鍋，選「肉 / 雞」鍵煮好即可，如湯較多，可再選「收汁入味」鍵繼續烹製。

營養貼士

五花肉脂肪含量較高，但筍乾極素，膳食纖維含量極高，用筍乾燒肉，正是基於葷素搭配的原則。筍乾還可解除五花肉的油膩感。

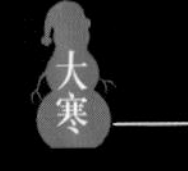

砂鍋魚頭

50 分鐘　中等

特色

鱅魚最美味的地方就是它胖胖的魚頭，富含膠質和蛋白質，燉湯雪白如牛奶，是冬季暖身的首選。

主料

鱅魚魚頭 1 個（大魚魚頭，約 500 克）
豆腐 1 塊（約 300 克）
小冬筍 1 個

輔料

油 2 湯匙
鹽 2 茶匙
花椒 1 小把
薑 1 塊
料酒 2 湯匙
細香葱 5 條
白胡椒粉少許

烹飪要訣

- 魚湯要白，需大火煮開，使油脂充分乳化。
- 豆腐也可換成粉絲、大白菜、粉皮等。
- 冬筍也可換成鹹筍尖，沒有也可不加。

營養貼士

鱅魚魚頭的長度幾乎佔全魚的三分之一，魚頭上魚皮厚，膠質豐富，魚鰓下的肉軟糯肥潤，有骨無刺，食用方便。鱅魚作為高蛋白、低脂肪的食材，可提供人體必需的能量，冬季天冷，需要足夠的蛋白質來幫助身體抵禦嚴寒，也正是這些高蛋白的存在，才會有燉煮後濃白的魚湯。

1

2

3

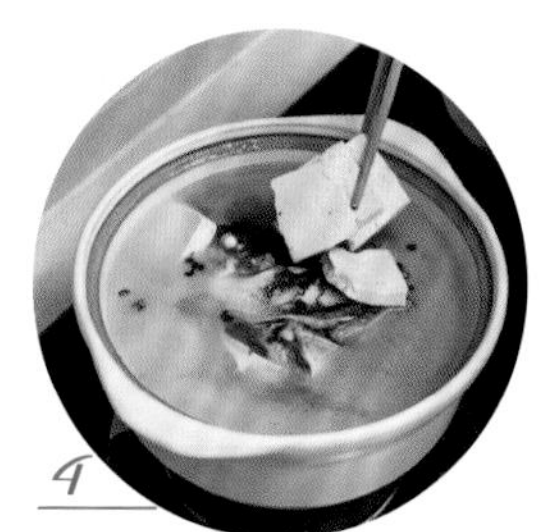
4

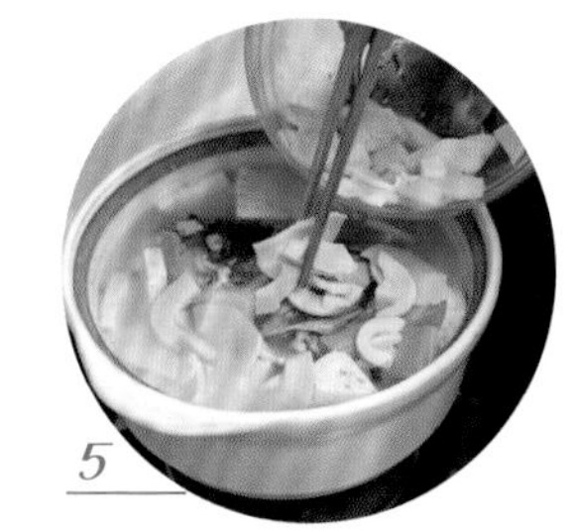
5

6

做法

1. 魚頭去掉魚鰓和牙齒，清洗乾淨，拭乾水。
2. 薑切片；葱切段；豆腐切厚片。
3. 炒鍋燒熱油，放魚頭兩面煎黃，加清水 600~800 毫升大火煮開，撇去浮沫。
4. 轉入砂鍋，放料酒、薑片、花椒、豆腐小火燉 30 分鐘以上。
5. 冬筍去殼，對剖開，放清水煮 5 分鐘，撈出，沖涼，切片，放進砂鍋，煲至魚肉脱骨，魚湯濃白。
6. 去掉薑片、花椒，加鹽、白胡椒粉調味，撒上香葱段即可。

作者
薩巴蒂娜

責任編輯
Karen Kan

美術設計
陳翠賢

排版
劉葉青

出版者
萬里機構出版有限公司
香港鰂魚涌英皇道1065號東達中心1305室
電話：2564 7511
傳真：2565 5539
電郵：info@wanlibk.com
網址：http://www.wanlibk.com
http://www.facebook.com/wanlibk

發行者
香港聯合書刊物流有限公司
香港新界大埔汀麗路36號
中華商務印刷大廈3字樓
電話：（852）2150 2100
傳真：（852）2407 3062
電郵：info@suplogistics.com.hk

承印者
中華商務彩色印刷有限公司
香港新界大埔汀麗路36號

出版日期
二零一九年六月第一次印刷

ISBN 978-962-14-7069-0

本書繁體版權由中國輕工業出版社有限公司授權出版
版權負責林淑玲lynn1971@126.com